U0622465

新形态创

Mastercam 2025
数控车床自动编程项目案例教程

MASTERCAM 2025
SHUKONG CHECHUANG ZIDONG BIANCHENG
XIANGMU ANLI JIAOCHENG

刘玉春　主编 ●
王申银　主审 ●

化学工业出版社
·北京·

内 容 简 介

《Mastercam 2025 数控车床自动编程项目案例教程》采用项目案例任务的组织方式，从基础知识入手，通过任务实例讲解操作方法，全书有 5 个项目，共 34 个实例任务，主要内容包括 Mastercam 2025 软件基本操作、轴类零件图形绘制、非圆曲线轴类零件建模、数控车自动编程与仿真和数控车自动编程综合实例等。项目一至项目五均配有项目小结、思考与练习，以便读者将所学知识融会贯通。通过这些项目任务的学习，读者不但可以轻松掌握 Mastercam 2025 软件的基本知识和应用方法，而且能熟练掌握数控车床自动编程的方法。

本书图文并茂，内容由浅入深，易学易懂，工学结合，突出了实用性和可操作性，使读者能在完成各项任务的过程中逐渐掌握所学知识，快速入门并掌握 Mastercam 2025 软件的使用技巧，引导学生树立理想坚定、信念执着、不怕困难、勇于开拓、精益求精的"工匠精神"。

本书的内容已制作成用于多媒体教学的 PPT 课件及造型设计源文件，如有需要，请登录 www.cipedu.com.cn 下载。

本书可作为职业本科、高等职业院校机械类专业相关课程的教材，也可作为技师学院、中等职业技术学校机械加工、数控加工等专业相关课程的教材，还可作为参加数控技能大赛选手以及 CAD/CAM 软件爱好者的参考用书。

图书在版编目（CIP）数据

Mastercam 2025 数控车床自动编程项目案例教程 / 刘玉春主编. -- 北京：化学工业出版社，2025.7.
（新形态创新型特色教材）. -- ISBN 978-7-122-48182-5

Ⅰ. TG659.022

中国国家版本馆 CIP 数据核字第 20259UP960 号

责任编辑：高　钰　　　　　　　文字编辑：徐　秀　师明远
责任校对：李露洁　　　　　　　装帧设计：刘丽华

出版发行：化学工业出版社
　　　　　（北京市东城区青年湖南街 13 号　邮政编码 100011）
印　　装：北京云浩印刷有限责任公司
787mm×1092mm　1/16　印张 11½　字数 269 千字
2025 年 9 月北京第 1 版第 1 次印刷

购书咨询：010-64518888　　　　售后服务：010-64518899
网　　址：http://www.cip.com.cn
凡购买本书，如有缺损质量问题，本社销售中心负责调换。

定　　价：48.00 元　　　　　　版权所有　违者必究

前　言

　　制造业是国民经济的主体，是立国之本、兴国之器、强国之基。智能制造是落实我国制造强国战略的重要举措，加快推进智能制造，是加速我国工业化和信息化深度融合、推动制造业供给侧结构性改革的重要着力点，对重塑我国制造业竞争新优势具有重要意义。作为智能制造的关键支撑，工业软件对于推动制造业转型升级具有重要的战略意义。Mastercam 2025 作为全球最先服务于工业市场的 CAM 软件之一，历经多年的发展与创新，不断提升应用体验，现已成为 CAM 软件主流市场首选品牌，在职业院校的机电工程、机械制造与加工、数控技术、模具设计与制造等院系专业中得到了广泛应用。

　　《Mastercam 2025 数控车床自动编程项目案例教程》采用项目引领、任务驱动的模式，系统地讲解了 Mastercam 2025 软件基本操作、轴类零件图形绘制、非圆曲线轴类零件建模、数控车自动编程与仿真、数控车自动编程综合实例，使读者熟悉并掌握 Mastercam 2025 软件的基本知识和使用方法，能独立运用软件完成中等复杂程度轴类零件的绘图，能合理设置各种工艺参数，正确进行后置处理、生成数控车削加工程序，利用软件在数控机床上完成零件的加工。

　　本书结构紧凑、特色与创新鲜明。

◆ 融入思想政治教育内容

　　本书结合思想政治教育要求和本课程教学内容特点，以专业知识为载体，挖掘智能制造思政元素，实现传授知识与价值引领的有效结合，引导学生树立理想坚定、信念执着、不怕困难、勇于开拓、精益求精的"工匠精神"，实现智育与德育并重、润物细无声的育人目标。

◆ 工学结合，任务驱动方式

　　本书以任务案例操作为知识载体，采用工学结合项目任务的组织形式来展开，坚持以"够用为度、工学结合"为原则，对教学内容进行重构，突出案例的"针对性""典型性""适用性""综合性"和"可操作性"，每个案例任务包括任务导入→任务分析→任务实施（零件 CAD 造型设计与数控编程加工）→知识拓展，详细介绍了数控车削自动编程方法。

◆ 体现自动编程软件新技术

　　本书以新版 Mastercam 2025 软件为平台，引入先进成图技术，引入软件 2D 图形设计、二维实体仿真新技术、新工艺和新案例等，丰富读者的建模手段，使零件二维建模更加简单、快捷，参编人员则由长期从事数控教学一线经验丰富的专家、数控行业技术能手和企业高级技师组成，体现了本书的先进性和实用性。

◆ 循序渐进的课程讲解

　　编者结合多年的教学和实践，按照数控车床加工编程学习的领会方式，由浅入深、循序渐进的学习顺序，从简单的零件二维图形绘制开始，到复杂的零件编程加工，对每一个指令功能详细讲解，并提示操作技巧。全书分为 5 个项目，共 34 个实例任务及 400 多个操作图，图文搭配得当，贴近计算机上的操作界面，步骤清晰明了，便于读者上机实践。

◆ 融入全国数控车削和数控铣削技能大赛考题

Mastercam 2025 软件是全国高职及中职数控技能大赛指定软件之一，如今已得到学校和企业广泛认可。本书中部分任务案例来源于全国数控技能大赛样题，对参加各级数控技能大赛的学员有一定的参考价值，相信读者通过系统的学习和实际操作，可以达到相应的技术水平。

本书可作为职业本科、高等职业院校机械类专业相关课程的教材，也可作为技师学院、中等职业技术学校机械加工、数控加工等专业相关课程的教材，还可作为参加数控技能大赛选手以及 CAD/CAM 软件爱好者的参考用书。

本书的内容已制作成用于多媒体教学的 PPT 课件，请发电子邮件至 cipedu@163.com 获取，或登录 www.cipedu.com.cn 免费下载。

本书由甘肃畜牧工程职业技术学院刘玉春副教授担任主编，济宁职业技术学院王申银副教授担任主审，隋国亮、刘海涛担任副主编，参加编写的还有黄小凤和蔡恒君。具体编写分工为：兰州信息科技学院刘海涛（项目一、项目二和项目三），甘肃畜牧工程职业技术学院刘玉春（项目四），长春工业技术学校隋国亮（项目五）。甘肃畜牧工程职业技术学院黄小凤老师对思想政治教育内容进行组织审核并提出了宝贵意见，南昌矿山机械有限公司高级技师蔡恒君提出了宝贵建议，在此表示衷心的感谢。

由于编者水平有限，加之 CAD/CAM 技术发展迅速，书中疏漏和不妥之处恳请广大读者不吝批评指正。

编　者

目 录

项目一

Mastercam 2025
软件基本操作

Mastercam 2025 是一款功能卓越的数控编程与加工仿真软件，其强大且稳定的设计能力使其能够应对各种复杂的曲线和曲面零件设计需求。软件提供的 CAM 编程功能，可生成精确且高效的刀具路径，满足从 2 轴到 5 轴的多轴加工需求，极大地提高了加工效率和精确度。本项目通过对 Mastercam 2025 软件基础知识工作任务的学习，引导读者快速掌握并熟练运用 Mastercam 2025 软件的基本操作方法。

✳ 育人目标 ✳

• 通过观看《大国重器》纪录片，使学生了解我国装备制造业的发展和所取得的成就，增强学生的中国特色社会主义道路自信、理论自信、制度自信、文化自信，立志肩负起民族复兴的时代重任。

• 通过剖析我国数控机床及国产 CAM 软件的发展史，明确发展中的差距，培养学生的忧患意识及使命感，激发青年学生立志报国、学习报国的使命感、荣誉感和责任感。

✳ 技能目标 ✳

• 认识 Mastercam 2025 软件的用户界面，熟悉 Mastercam 2025 软件的功能区面板。

• 掌握 Mastercam 2025 软件的系统设置和图层管理功能的使用方法。

• 掌握常用快捷键的使用方法，提高作图效率。

• 掌握 Mastercam 2025 软件的基本操作方法。

任务一　熟悉 Mastercam 2025 用户界面

一、任务导入

从 Mastercam 2017 版开始，告别了 X9 及之前版本中常见的菜单及工具条，采用了全新的 Ribbon（功能区）界面。使用功能区界面的设计，是为了提升操作效率，让用户可以更方便快捷地找到所需要的功能。

Mastercam 2025 软件具有友好的用户界面，体现在以下方面：全中文 Windows 界面；形象化的图标菜单；全面的鼠标拖动功能；灵活方便的立即菜单参数调整功能；智能化的动态导航捕捉功能；多方位的信息提示等。本任务主要是认识 Mastercam 2025 软件的用户界面，了解各菜单工具栏的内容和名称，熟悉各功能区图标含义，为以后熟练操作本软件奠定基础。

二、任务分析

用户界面是交互式 CAD/CAM 软件与用户进行信息交流的中介，只有熟悉界面功能，才能更好地掌握软件操作方法。Mastercam 2025 软件的用户界面主要包括文件管理、菜单栏、功能区工具栏、选择工具栏、绘图区、状态栏和操作管理区等，如图 1-1 所示。

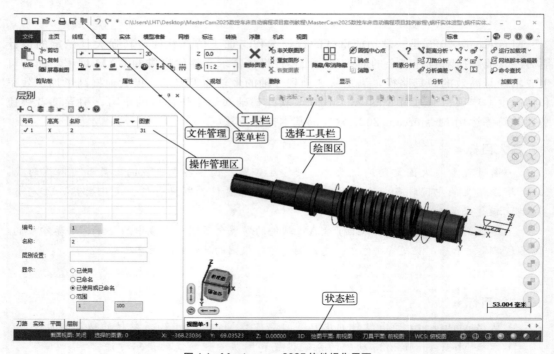

图 1-1　Mastercam 2025 软件操作界面

1. 文件管理

文件管理区域主要是进行新文件的创建，文件保存与已保存文件的启动，文件另存为、文件压缩，以及撤销步骤、恢复步骤的管理区。

2. 菜单栏

菜单栏包含从设计到加工及环境设置等用到的所有命令。主菜单包括：文件、主页、线框、曲面、实体、模型准备、网格、标注、转换、浮雕、机床、视图功能模块。

3. 绘图区

绘图区域相当于工程图纸，主要用于创建、编辑、显示几何图形，产生刀具轨迹和模拟加工区域。绘图区域左下角的坐标系方向代表了当前图形的视角方向。在绘图区域中单击鼠标右键，可以操作视图、抓取点以及去除颜色。绘图区域显示绝对坐标原点，显示指针（坐标）快捷键：Alt＋F9，显示轴线快捷键：F9。

4. 功能区工具栏

功能区：Mastercam 2025 将所有的功能放置在软件界面上半部分的"功能区"中，并按照不同的类别分配到不同的选项卡中。每个选项卡内部以竖线分隔成多个板块，这些板块称为功能组，每个组中包括若干工具栏命令。功能区工具栏中的每一个按钮都存在于菜单栏的每一个选项下，单击选用非常方便。如图 1-2 所示为线框功能区工具栏。

图 1-2　线框功能区工具栏

5. 选取工具栏

选取工具栏的主要作用是确定线条绘制中点的抓取设置，也可直接输入坐标值来绘制线条。图 1-3 所示为选取工具栏。

图 1-3　选取工具栏

6. 操作管理器

操作管理器面板是 Mastercam 中非常重要和常用的控制工具，操作管理器位于 Mastercam 界面的左侧。它相当于其他软件的特征设计管理器，它把同一加工任务的各项操作集中在一起，界面简练操作方便。操作管理器是设计与加工编程常用的操作管理区域，包括多个标签页，操作管理器的常用管理对象有 4 种，分别是刀路、层别、实体、平面。

7. Mastercam 2025 的操作及控制方法

Mastercam 是使用鼠标与键盘输入数值来操作的。单击鼠标左键一般用于选择命令或图素，单击鼠标右键则会根据不同命令出现相应的快捷菜单。

三、任务实施

① 文件管理。文件管理区域主要是进行新文件的创建，文件保存与已保存文件的启动，文件另存为、文件压缩和撤销步骤、恢复步骤的管理区。

② 菜单栏。菜单栏包含从设计到加工及环境设置等用到的所有命令。主菜单包括：文件、主页、线框、曲面、实体、模型准备、网格、标注、转换、浮雕、机床、视图功能模块。

③ 绘图区。

四、知识拓展

1. Mastercam 的串连应用

Mastercam 的 2D 高速刀路串连选项［自动范围］串连方式，软件会智能识别选取图形的加工范围、避让范围以及空切区域，大大简化串连图形操作，提高编程加工效率。此外，避让范围有［安全距离］、空切区域有［展开范围］扩展选项，使刀路优、化方便快捷。

① Mastercam 的串连非常快捷，只要你抽出的曲线是连续的。若不连续，也非常容易检查出来哪里有断点。一个简单的方法是用分析命令，将公差设为最少，为 0.00005，然后去选择看似连续的曲线，通不过的地方就是有问题的。可用曲线融接的方法迅速连接。

总之，在 Mastercam 中，只要先将加工零件的轮廓边线、台阶线、孔、槽位线等全部绘制完成，接下来的 CAM 编程操作就很方便。

② 由于 Mastercam 的 2D 串连方便快速，所以不论你一次性加工的工件含有多少轮廓线，总是很容易地全部选取下来。

③ 多曲线加工时，往往有许多的曲线要选取，由于不需要偏置刀半径，在 Master-cam 中，可以用框选法一次选取。

2. Mastercam 常用快捷键

Mastercam 界面中有菜单项和工具条按钮，分别对应着相应的功能，如画线、画圆、延长等，有些菜单功能不在一级菜单中，相应的工具条按钮也不在界面中显示的一组工具条中。因此，要选用这些菜单及工具条按钮对应的功能时，不能直接选择，影响操作的方便性和操作速度。Mastercam 系统中，设置许多快捷键，可以解决这一问题，熟练掌握后，可以大大提高操作速度。Mastercam 常用快捷键如表 1-1 所示。

表 1-1 Mastercam 常用快捷键

快捷键	功能	快捷键	功能
Alt＋1	切换视图至俯视图	Ctrl＋F1	环绕目标点进行放大
Alt＋2	切换视图至前视图	F1	选定区域进行放大
Alt＋3	切换视图至后视图	Alt＋F1	全屏显示全部图素
Alt＋4	切换视图至底视图	F2	以原点为基准,将视图缩小至原来的 50%
Alt＋5	切换视图至右视图	Alt＋F2	以原点为基准,将视图缩小至原来的 80%
Alt＋6	切换视图至左视图	F3	重画功能
Alt＋7	切换视图至等轴视图	F4	对图素进行分析,并能够修改图素的属性
Alt＋E	启动图素隐藏功能	Alt＋F4	关闭功能,退出 Mastercam 软件
Alt＋O	打开或关闭操作管理器	F5	将选定的图素删除
Alt＋S	实体着色显示	Alt＋F8	对 Mastercam 系统参数进行规划
Alt＋T	控制刀具路径的显示与隐藏	F9	显示或隐藏基准对象
Alt＋X	设置颜色/线型/线宽/图层	Alt＋F9	显示所有的基准对象
Alt＋Z	打开图层管理对话框	左箭头	绘图区图形右移
Alt＋A	选取所有图素	右箭头	绘图区图形左移
Ctrl＋C	将图素复制到剪贴板中	上箭头	绘图区图形下移
Ctrl＋V	粘贴功能	下箭头	绘图区图形上移
Ctrl＋X	将图素剪切到剪贴板中	Page Up	绘图视窗放大
Ctrl＋Y	恢复已经撤销的操作	Page Down	绘图视窗缩小
End	自动旋转视图	Esc	结束正在执行的命令

3. 对于图形的导入或者绘制

直接将图档拖至 Mastercam。

4. Mastercam 的快速输入方法

在 Mastercam 中，可以通过键盘快速、精确地输入坐标点、Z 向控制深度等。例如，输入点（20，10）的方法有以下两种：

① 选择主菜单（Main Menu）→绘图（Create）→点（Point）→位置（Position）。

② 通过键盘直接输入坐标（20，10），在信息交互区得到所画的图形。

5. Mastercam 的坐标系建立方法

进入 Mastercam 系统后，在绘图区自动生成一个空白绘图空间。但是，实际应用时，需要建立坐标系，建立的方法有以下两种：

① 按功能键 F9 键；

② 用鼠标单击工具条中的坐标系按钮。

F9 键和工具条中坐标系按钮具有软开关特性，即按一次，显示坐标系标志，再按一次，坐标系标志消失。

坐标系原点在实体造型和产生刀具路径时非常重要，是整个实体造型中的参考点，也是在加工时刀具相对于工件的对刀点。

Mastercam 系统在产生刀具路径时，也是基于这个坐标系原点。因此，在 CNC 机床上加工时，这一点将作为工件坐标系的原点，也即 CNC（计算机数控）加工 ISO 代码中G 代码 G54～G59 中存储的数据。

6. 移动坐标原点

首先在转换菜单栏找到移动到原点命令，将鼠标放到三维线框图形的顶部对角点位置，放的时候在对角点注意停留两秒，让软件知道我们要用临时中点命令，对角点放完之后会有两个绿色的小加号，绿色加号的中心会有个红色的加号，那个红色加号的位置就是我们想要的工件顶部中心的位置，直接用鼠标左键点击红色加号，就可以移动红色加号位置到坐标系零点位置啦。移动完成后我们可以右键点击绘图区任意空白位置选择清除颜色，对模型颜色进行移除，接下来就可以进行创建机床编程等操作。

任务二　Mastercam 2025 系统设置

一、任务导入

作为现代制造业中不可或缺的工具，Mastercam 已经成为许多机加工企业的首选软件。无论你是新手还是有经验的操作员，掌握 Mastercam 的设置步骤对于提高工作效率和加工质量至关重要。

二、任务分析

系统设置功能可以对系统的一些属性进行预设置，在新建文件或打开文件时，Mastercam 将按其默认配置来进行系统各属性的设置，在使用过程中也可以改变系统的默认配置。要设置系统的参数，可以通过单击菜单栏中"文件"→"配置"选项打开"系统配置"对话框进行设置，如图 1-4 所示。在"文件"菜单中选择"设置"，然后进入"系统设置"界面。在这里，我们可以设置默认单位（如毫米或英寸）、选择适合的工作环境以及配置其他系统参数。这些设置将帮助 Mastercam 在进行后续操作时保持一致性。

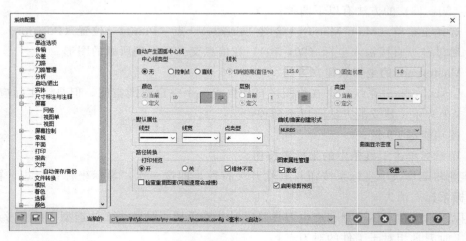

图 1-4　系统配置对话框

三、任务实施

1. CAD 设置

主要设置中心线类型，绘图时的默认线型、线宽等，激活图素属性管理，设置层别名称及线宽等。

2. 启动与退出设置

打开 Mastercam 2025 软件时，启动加载模块默认的是设计，相当于平常打开软件进入的界面，如果经常使用车床编程加工，可以将设计改为车床，选择车床配置文件，那么下次我们打开软件的时候，它的界面就自动默认车床机床编程的界面，软件所处的环境是公制，如图 1-5 所示。

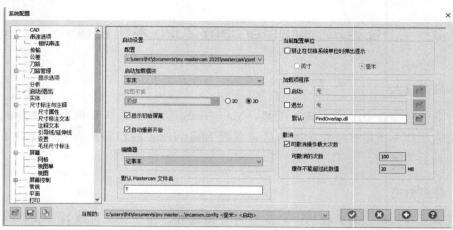

图 1-5　启动/退出设置

3. 文件设置

该选项在"系统配置"对话框的"文件"选项卡中，用来设置不同类型文件的存储目录及使用不同文件的默认名称，设置自动保存的时间等，如图 1-6 所示。

在文件管理中，大部分设定除有特殊需要外，建议按照默认值进行设定，建议打开自动存档功能，并可按照个人需要设定保存文件的间隔时间以减小在意外情况下的损失。

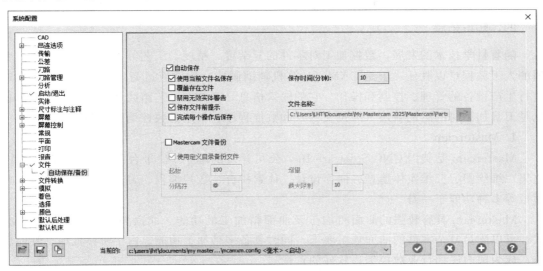

图 1-6　文件设置

4. 默认机床设置

在"默认机床"选项卡中，用来设置不同类型的机床定义文件，例如选择车床机床定义文件，如图 1-7 所示。打开 Mastercam 2025 软件时，自动加载车床定义，打开想要的机床群组。"系统配置"完成后，单击"系统配置"对话框下面的"另存为" 📝 ，保存备份系统配置，系统配置文件名 mcamxm.config。最后，点击确定，退出系统配置对话框，重新启动软件。

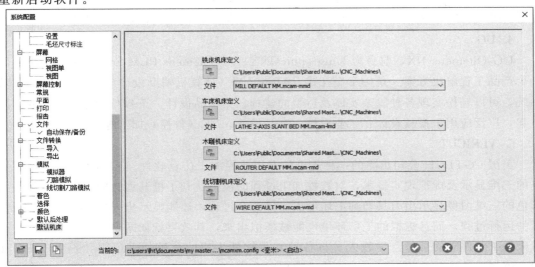

图 1-7　默认机床设置

在使用 Mastercam 时，每个使用者都会有自己的习惯设定，例如字的大小、线的粗细，背景颜色甚至路径及图素的颜色，启动及默认机床等设置。常常因工作地点变更或是电脑重装等因素，而导致重新做设定，此方法可将 Mastercam 的系统设置储存做备份。先开启电脑位置目录：C:\Users\User\Documents\My MasterCAM 2025\MasterCAM\CONFIG，找出 mcamxm.config 文件并复制一份。

四、知识拓展

随着科学技术的发展，数控加工对零件的复杂度、精度、工艺等有了更高的要求，普通的人工编程难以胜任，于是 CAM（计算机辅助制造）软件应运而生，它利用计算机来进行生产设备的管理、控制和操作。它的输入信息是零件的工艺路线和工序内容，输出信息是刀具加工时的运动轨迹（刀位文件）和数控程序。常用的数控编程软件如下：

1. Mastercam

Mastercam 是美国 CNC Software Inc. 公司开发的基于 PC 平台的 CAD/CAM 软件。它集二维绘图、三维实体造型、曲面设计、体素拼合、数控编程、刀具路径模拟及真实感模拟等多种功能于一身。

Mastercam 具有较强的曲面粗加工及曲面精加工的功能，曲面精加工有多种选择方式，可以满足复杂零件的曲面加工要求，同时具备多轴加工功能。由于价格低廉、性能优越，成为国内民用行业数控编程软件的首选。

2. Pro/E

Pro/E 是美国 PTC（参数技术有限公司）开发的软件，是全世界最普及的三维 CAD/CAM（计算机辅助设计与制造）系统。广泛用于电子、机械、模具、工业设计和玩具等行业。具有零件设计、产品装配、模具开发、数控加工、造型设计等多种功能。

3. Cimatron CAD/CAM 系统

以色列 Cimatron 公司的 CAD/CAM/PDM 产品，是较早在微机平台上实现三维 CAD/CAM 全功能的系统。该系统提供了比较灵活的用户界面，优良的三维造型、工程绘图，全面的数控加工，各种通用、专用数据接口以及集成化的产品数据管理。CimatronCAD/CAM 系统在国际上的模具制造业备受欢迎，国内模具制造行业也在广泛使用。

4. UG

UG（Siemens NX，前身为 Unigraphics NX），是 Siemens PLM Software 公司出品的一个产品工程解决方案。是一个交互式 CAD/CAM（计算机辅助设计与计算机辅助制造）系统，可以轻松实现各种复杂实体及造型的建构。集产品设计、工程与制造于一体的解决方案，广泛应用于模具设计、工业设计、产品设计、NC（数控）加工等领域。

5. VERICUT

美国 CGTECH 公司出品的一种先进的专用数控加工仿真软件。VERICUT 采用了先进的三维显示及虚拟现实技术，对数控加工过程的模拟达到了极其逼真的程度。不仅能用彩色的三维图像显示出刀具切削毛坯形成零件的全过程，还能显示出刀柄、夹具，甚至机床的运行过程，而且虚拟的工厂环境也能被模拟出来，其效果就如同是在屏幕上观看数控机床加工零件时的录像。编程人员将各种编程软件生成的数控加工程序导入 VERICUT 中，由该软件进行校验，可检测原软件编程中产生的计算错误，降低加工中由于程序错误导致的加工事故率。

6. CAXA

CAXA 制造工程师是北京数码大方科技股份有限公司推出的一款全国产化的 CAM 产品，为国产 CAM 软件，在国内 CAM 市场中占据了一席之地。作为我国制造业信息化领域自主知识产权软件优秀代表和知名品牌，CAXA 已经成为我国 CAD/CAM/PLM 业界的领导者和主要供应商。CAXA 制造工程师是一款面向二轴至五轴数控铣床与加工中心、具有良好工艺性能的铣削/钻削数控加工编程软件。该软件性能优越，价格适中，在国内市场颇受欢迎。

任务三　图层模板创建及自动分类设置

一、任务导入

当图面中有许多图形信息时，时常会干扰到阅读及选择特征，必然给绘图设计工作造成很大的负担，因此，可以用"层别管理"来对画面中的图素进行分类管理，当需要时又能显示或单独提取，使绘图设计工作进一步简化。本任务主要学习图层分类设置及图层模板创建。

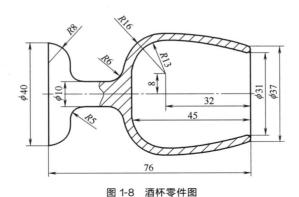

图 1-8　酒杯零件图

二、任务分析

图层可以看作是一张张透明的薄片，图形和各种信息绘制存放在这些透明薄片上。在 Mastercam 2025 软件中可创建多个图层，但每一个图层必须有唯一的号码和层名。不同的图层上可以设置不同的线型和颜色，可以存放线框、曲面、实体尺寸标注等不同的信息，所有的图层由系统统一定位，且坐标系相同，因此在不同图层上绘制的图形不会发生位置上的混乱。例如图 1-8 酒杯零件图中包含尺寸标注，使图面看起来比较混乱，可以尝试将画面中的所有尺寸标注移动到别的层别隐藏，便于编写零件加工程序。

三、任务实施

1. 新建层别

打开 Mastercam 左下角一般会有"刀路""平面""层别"选项，如果没有"层别"，可以用 Alt＋Z 键调出来。在"层别管理器"中可以添加层别数量，名称下方填写需要的名字。

① 单击左侧"层别管理器"中的 ，在名称下方填写需要的名称，如线，层别名填写 2，同理完成其他常用层别的创建，如图 1-9 所示。单击"层别管理器"中高亮 X，可以显示或隐藏该图层。

② 在绘图区，选择要修改的图素，单击鼠标右键，在弹出的立即菜单窗口中单击"更改层别"，如图 1-10 所示。在"更改层别"对话框中输入编号、名称、层别设置名称，完成对图素层别的修改，如图 1-11 所示。

③ 单击【文件】菜单的"另存为"命令，输入层别模板文件名，并保存文件，如图 1-12 所示。

图 1-9　创建常用图层　　　　图 1-10　更改层别　　　　图 1-11　更改图层名称

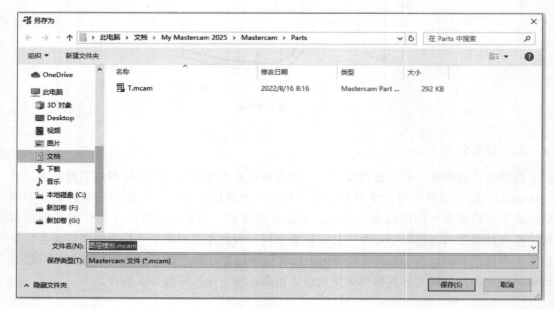

图 1-12　保存图层模板

2. 设置并激活图素属性管理

① 单击【文件】菜单的"配置"命令，打开"系统配置"对话框，如图 1-13 所示。

选择激活，单击右下角的"设置"，打开"图素属性管理设置"对话框，如图 1-14 所示。设置层别名称、颜色、线类型及线宽，设置层别名称和前面的图层模板中的层别名称一致。

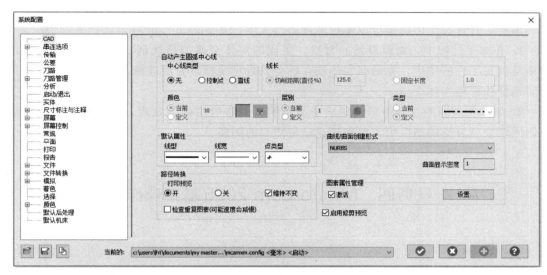

图 1-13　系统配置对话框

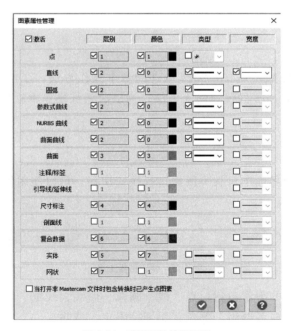

图 1-14　图素属性管理设置

　② 使用时，先打开层别模板文件，完成绘图、造型等工作后，单击【文件】菜单的"另存为"命令，输入文件名保存文件。

　采用上述方法，把创建层别模板和设置图素属性管理相结合，就可实现 Mastercam 所创建的图形、曲面、实体等图素自动分层，提高造型编程工作效率。

四、知识拓展

图层可以帮助我们更好地管理图素，它就像透明的抽屉，可以放不同的图素在里面。

无论是建模还是编程，图层都非常重要，一般不同的图素要用图层分开，方便后期修改和编程，并且每个图层都可以单独地开启与关闭，在 Mastercam 可以建立无数个图层。

1. 在加工过程中，编辑刀路的时候，生成的实体会遮挡住线框，无法选择刀路，这时图层就有了它的作用，先隐藏实体层，就会只看见线框，方便选择，根据具体情况也可同时选择线框跟实体。

2. 如果在画图的过程中忘记图层分类，编辑刀路的时候才发现，这时候可以移动或复制图素放到分类的图层中，整理到自己所需要的图层。

任务四　Mastercam 2025 基本操作

一、任务导入

Mastercam 2025 软件具有友好的用户界面，体现在以下方面：全中文 Windows 界面，形象化的图标菜单，全面的鼠标拖动功能，灵活方便的立即菜单参数调整功能；智能化的动态导航捕捉功能，多方位的信息提示等。

二、任务分析

本任务主要是熟悉 Mastercam 2025 软件的基本操作方法，了解快速选择工具、工具栏、尺寸标注和 Mastercam 的快速输入方法，为以后熟练操作本软件奠定基础。

三、任务实施

1. 快速选择工具

如果我们想在图形界面中对某类图素进行快速选择，可以使用位于界面右边的快速选择工具，如图 1-15 所示。

图 1-15　快速选择工具

可以进行快速选择的图素包括：点、线、圆弧、曲线、线框、标注、曲面、实体、网络图素，结果、群组、命名群组、颜色、层别、限定、清除。

可以看到每个按钮都被分为了左右两个半边。例如通过线选择两个不同的半边，我们可以通过以下两种不同的模式进行快速选择。

① 点击线选择左半边按钮，可以直接选择图形界面中全部线图素。

② 点击线选择右半边按钮，可以框选图形界面中某个区域内所有线图素。

2. 迷你工具栏

在图形窗口中任意位置点击鼠标右键即可打开迷你工具栏，如图 1-16 所示，可以进行属性编辑，使用各种下拉菜单进行各种常用功能操作。

在图形界面中右键打开迷你工具栏后，点击"切换属性面板"命令 ，可将迷你工具栏保留在屏幕上，再次点击"切换属性面板"，即可将其再次隐藏。

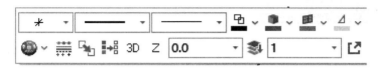

图 1-16　迷你工具栏

3. 单线汉字

从 Mastercam 2020 开始，增加了单线汉字，很大地方便了对汉字单线字的刻字。

在"线框"选项卡→"形状"功能区中，单击"文字"命令 A，打开创建文字对话框，如图 1-17 所示，选"OLF SimpleSansCJK OC"字体样式。输入字母，如输入 Mastercam 2025 数控编程，设置高度 1.5，单击确定 ，完成单线汉字绘制，不仅可以横着排版，还可以竖着排版或圆形排版，如图 1-18 所示。

4. 尺寸标注

标注如图 1-19 所示零件的尺寸。

图 1-17　创建文字对话框

图 1-18　绘制单线汉字

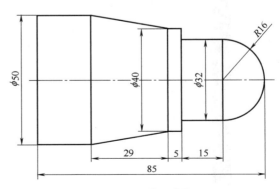

图 1-19　零件尺寸图

① 在【标注】选项卡→"尺寸标注"功能区中，单击"水平"命令 ├──┤，打开"标注"对话框，如图 1-20 所示，单击长度线两端点，拉动到合适位置单击，单击确定 ✅，完成长度尺寸标注，如图 1-21 所示。

图 1-20 标注对话框（水平）

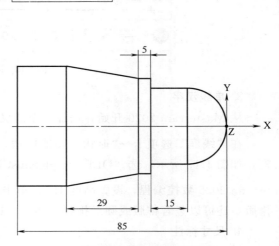

图 1-21 标注长度尺寸

② 在【标注】选项卡→"尺寸标注"功能区中，单击"垂直"命令 I，打开"标注"对话框，如图 1-22 所示，单击长度线两端点，拉动到合适位置单击，选择直径圆弧符号，单击确定 ✅，完成直径尺寸标注，如图 1-23 所示。

图 1-22 标注对话框（垂直）

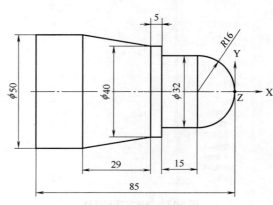

图 1-23 标注垂直尺寸

③ 在【标注】选项卡→"尺寸标注"功能区中，单击右下角"尺寸标注设置"，如图 1-24 所示。打开标注"自定义选项"对话框，如图 1-25 所示，根据需要修改尺寸标注样式，单击确定 ，完成尺寸标注样式的修改。

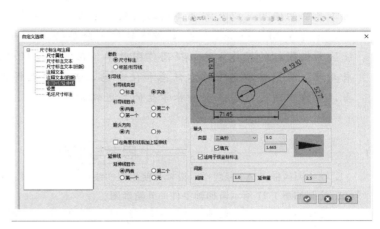

图 1-24　尺寸标注设置　　　　　　　　　图 1-25　自定义选项对话框

四、知识拓展

Mastercam 的快速输入方法如下：

为了确定空间中任意一点的位置，需要在空间中引进坐标系，最常用的坐标系是空间直角坐标系。空间任意选定一点 O，过点 O 作三条互相垂直的轴线 OX，OY，OZ，这三条轴分别称作 X 轴（横轴）、Y 轴（纵轴）、Z 轴（竖轴），统称为坐标轴。所以，在表达一个点在空间中位置的时候，通常会以坐标（X，Y，Z）来表达，如（0，0，0）、（10，20，30）等，各坐标数值之间用英文逗号隔开。若所表达的一系列点的 Z 轴坐标值都等于 0 时，会省略标为（0，40）、（30，40）、（50，20）等。

在 Mastercam 中，可以通过键盘快速、精确地输入坐标点、Z 向控制深度等。例如输入点的方法如下：

① 在 Mastercam 软件中，按<F9>键可以调出辅助绘图的两条线，分别代表 X、Y、Z 三条轴当中的两条。

② 在【线框】选项卡→"绘线"功能区中，单击"线端点"命令 ，选择连续线，按照图 1-26 所示点的坐标绘制线段，先通过键盘直接输入（0，0），再依次输入（0，20）、（−20，20）、（−50，40）、（−50，0）、（0，0），单击确定 ，完成图形绘制。

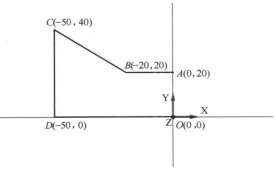

图 1-26　用点坐标绘制图形

项目小结

　　Mastercam 2025 数控车软件的应用可以大幅提高加工效率，降低成本，符合企业快速、可持续发展的需求，帮助企业实现现代化的生产与管理，提供给用户最高质量的机械产品，增强企业竞争力。

　　本项目主要学习 Mastercam 2025 数控车软件的工作环境及设定、基本操作和常用工具栏的使用，以及常见曲线的绘制，掌握数控车图层管理功能，学会分层绘制图素，体会在 Mastercam 2025 数控车软件中分层绘制不同类型图素的优点，掌握各功能区面板图标的操作方法，提高作图效率。在学习过程中注重培养学生探索未知、追求真理、勇攀科学高峰的责任感和使命感，激发学生科技报国的家国情怀和使命担当，操作实践过程中注重培养学生的工匠精神。

思考与练习

1. 在绘图区插入 A3 标题栏，设置并使用粗实线层、细实线层、虚线层画线。

2. 绘制如图 1-27 所示阶梯轴零件的外轮廓图。

3. 完成如图 1-28 所示轧辊零件的轮廓图绘制。零件材料为 45 钢，毛坯为 $\phi 85$mm 的棒料。

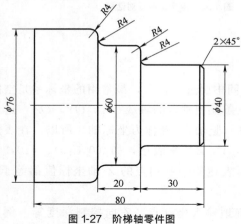

图 1-27　阶梯轴零件图

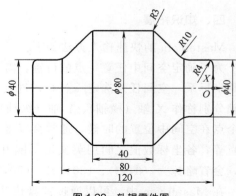

图 1-28　轧辊零件图

项目二

Mastercam 2025
轴类零件图形绘制

Mastercam 是一款高效专业的实用型 CAD/CAM 设计辅助工具，集二维绘图、三维实体造型、曲面设计、体素拼合、数控编程、刀具路径模拟及真实感模拟等多种功能于一身，能够帮助用户轻松设计各种复杂的曲线、曲面零件、刀具路径等。本项目通过对 Mastercam 2025 软件绘图及编辑工作任务的学习，引导读者快速掌握并熟练运用 Mastercam 2025 软件零件图形的绘制方法。

✳ 育人目标 ✳

  • 激发青年学生对科学技术探究的好奇心与求知欲，培养学生具有敢于坚持真理、勇于创新、实事求是的科学态度和科学精神。

  • 通过绘制轴类平面图形、高级曲线等平面图，培养学生认真负责、踏实敬业的工作态度和严谨求实、一丝不苟的工作作风。

✳ 技能目标 ✳

• 掌握 Mastercam 2025 矩形、圆弧、绘线等绘图方法。
• 掌握 Mastercam 2025 偏移图素、修剪、镜像等图形编辑方法。
• 掌握 Mastercam 2025 删除重复图素的方法。

任务一　带锥度的轴杆零件图绘制

一、任务导入

完成带锥度 1∶3 的轴杆零件图绘制。零件材料为 45 钢，毛坯为 ϕ60mm 的棒料，如图 2-1 所示。

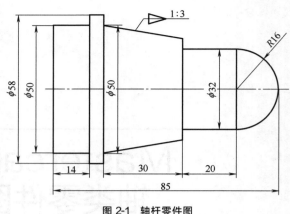

图 2-1 轴杆零件图

二、任务分析

该轴杆零件，主要由直线和圆弧组成，按照系统提供的矩形功能，快速绘制零件图外轮廓，再用绘制圆命令绘制半圆弧。通过本任务主要学习 Mastercam 2025 软件的线端点、矩形及圆弧绘制功能。

三、任务实施

① 单击【文件】菜单的"打开"命令 📁，选择图层模板文件，单击打开，如图 2-2 所示。

② 在【线框】选项卡→"形状"功能区中，单击"矩形"命令按钮 ▭，选择圆角矩形命令，打开矩形对话框。输入中心坐标点（−16，0），输入宽度 20，高度 32，单击确定 ✅，完成矩形绘制，如图 2-3 所示。

③ 在【线框】选项卡→"圆弧"功能区中，单击"端点画弧"命令 ⌒，捕捉矩形右侧上下两端点，输入半径 16，单击确定 ✅，完成半圆弧绘制，如图 2-3 所示。

层别

号码	高亮	名称	层... ▼	图素
7	X	网状	7	0
6	X	复合数据	6	0
5	X	实体	5	0
4	X	尺寸标注	4	0
3	X	曲面	3	0
✔ 2	X	线	2	18
1	X	点	1	0

图 2-2 层别管理器

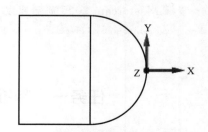

图 2-3 绘制圆弧轮廓线

④ 在【线框】选项卡→"形状"功能区中，单击"矩形"命令按钮 ▭，选择圆角矩形命令，打开矩形对话框。[原点] 捕捉左侧矩形中心，输入宽度 30，高度 50，单击确定

，完成矩形绘制，如图 2-4 所示。

　⑤ 在【线框】选项卡→"修剪"功能区中，单击"偏移图素"命令➡️，选择矩形上边线，输入偏移 5，单击确定✅，完成图素偏移。

　⑥ 在【线框】选项卡→"绘线"功能区中，单击"线端点"命令✏️，按照零件图要求绘制锥度线，如图 2-4 所示。

　⑦ 在【线框】选项卡→"修剪"功能区中，单击"分割"命令✖️，单击不需要的线并删除，单击确定✅，完成图素修剪，如图 2-5 所示。

　⑧ 在【线框】选项卡→"形状"功能区中，单击"矩形"命令按钮⬜，选择圆角矩形命令，打开矩形对话框。[原点]捕捉左侧矩形中心，输入宽度 5，高度 58，单击确定✅，同理，完成其他矩形绘制，如图 2-5 所示。

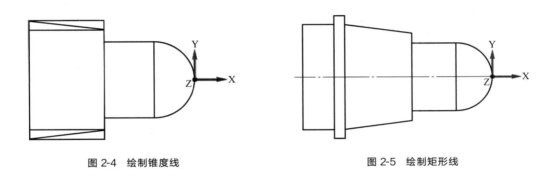

| 图 2-4　绘制锥度线 | 图 2-5　绘制矩形线 |

　⑨ 单击【文件】菜单的"另存为"命令，输入文件名保存文件。

四、知识拓展

　锥度是指正圆锥底圆直径与圆锥高度之比。圆台的锥度为其上、下两底圆直径差与圆高度之比，且写成 $1:n$ 的形式，锥度 $C=2\tan\alpha=(D-d)/L$，如图 2-6 所示。

　例如任务一中轴杆零件的锥度 $1:3$，计算可得小端直径 $d=D-L/3=50-30/3=40$

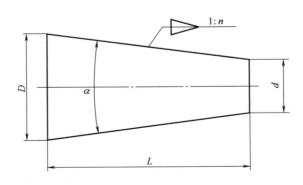

图 2-6　锥度标注

任务二　多槽轴零件图绘制

一、任务导入

完成如图 2-7 所示的多槽轴零件图绘制。零件材料为 45 钢，毛坯为 $\phi60\text{mm}$ 的棒料。

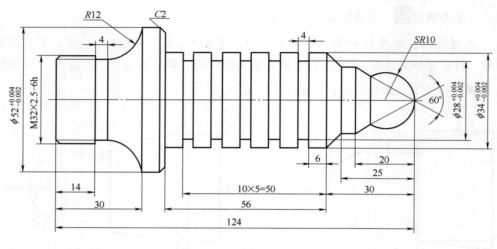

图 2-7　多槽轴零件图

二、任务分析

该轴杆零件，主要由直线和圆弧组成，按照系统提供的矩形功能，快速绘制零件外轮廓，再用绘制圆命令绘制半圆弧。通过本任务主要学习 Mastercam 2025 软件的线端点、矩形及圆弧绘制功能。

三、任务实施

① 单击【文件】菜单的"打开"命令 ，选择图层模板文件，单击打开。单击【文件】菜单的"另存为"命令，输入多槽轴零件图绘制文件名保存文件。

② 在【线框】选项卡→"圆弧"功能区中，单击"已知点画圆"命令 ，输入圆心坐标（-10，0），输入半径 10，单击确定 ，完成 $R10$ 圆绘制，如图 2-8 所示。

③ 在【线框】选项卡→"绘线"功能区中，单击"线端点"命令 ，捕捉坐标中心点，输入长度 40，角度 150，单击确定 ，完成斜线绘制，如图 2-9 所示。

④ 在【线框】选项卡→"形状"功能区中，单击"矩形"命令按钮 ，选择圆角矩形命令，打开矩形对话框。输入中心坐标点（-20，0），输入宽度 5，高度 40，单击确定 ，完成矩形绘制，如图 2-9 所示。

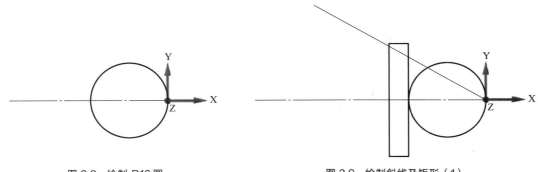

图 2-8　绘制 R10 圆　　　　　　　　图 2-9　绘制斜线及矩形（1）

⑤ 在【线框】选项卡→"修剪"功能区中，单击"分割"命令 ✕，单击不需要的线并删除，单击确定 ✅，完成图素修剪，如图 2-10 所示。

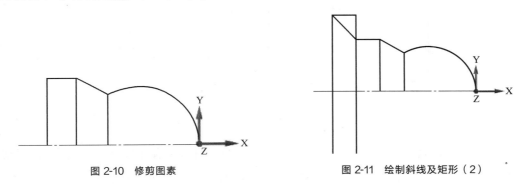

图 2-10　修剪图素　　　　　　　　图 2-11　绘制斜线及矩形（2）

⑥ 在【线框】选项卡→"形状"功能区中，单击"矩形"命令按钮 ▭，选择圆角矩形命令，打开矩形对话框。捕捉矩形左中心点，输入宽度 5，高度 34，单击确定 ✅，完成矩形绘制，如图 2-11 所示。同理，按照零件图尺寸绘制其他矩形，如图 2-12 所示。

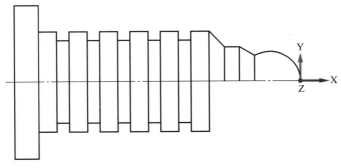

图 2-12　绘制矩形（1）

⑦ 在【线框】选项卡→"修剪"功能区中，单击"倒角"命令 ⌐，输入倒角距离 2，单击需要倒角的线，单击确定 ✅，完成倒角绘制，如图 2-13 所示。

⑧ 在【线框】选项卡→"形状"功能区中，单击"矩形"命令按钮 ▭，选择圆角矩形命令，打开矩形对话框。捕捉矩形左中心点，输入宽度 16。高度 29.294，[螺纹小径＝

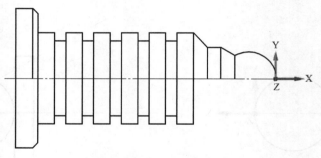

图 2-13　绘制倒角

$[d$（螺纹大径）$-1.0825X$（螺矩）$]$，单击确定 ，完成矩形绘制，同理，按照零件图尺寸绘制左侧矩形，如图 2-14 所示。

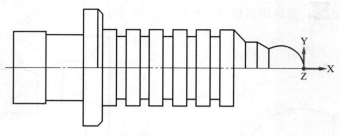

图 2-14　绘制矩形（2）

⑨ 在【线框】选项卡→"修剪"功能区中，单击"图素倒圆角"命令 ，单击需要倒圆角的线，输入半径 12，单击确定 ，完成倒圆角绘制，如图 2-15 所示。

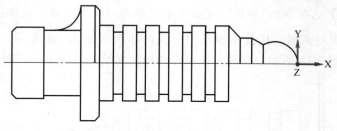

图 2-15　绘制倒圆角

⑩ 在【转换】选项卡→"位置"功能区中，单击"镜像"命令 ，单击需要镜像的线，单击确定 ，完成下部分图形绘制，最后通过修剪完成多槽零件图绘制，如图 2-16 所示。

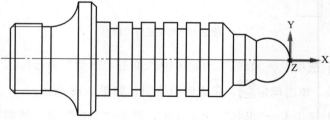

图 2-16　镜像图形

四、知识拓展

Mastercam2D 修剪模块（倒角、偏移、投影）。

1. 图素倒圆角

① 圆角：常规倒圆角（劣弧，小于 180°的圆弧）。

② 内切：与常规倒圆角成 360°互补角的圆弧（优弧，大于 180°的圆弧）。

③ 全圆：类似两物体之间切弧命令，这里是全圆。

④ 间隙：一般用来作避空角，圆弧包围线段，线段交点在圆弧上，间隙即为交点到圆弧的连心线方向距离。

⑤ 单切：用作避空位，与一图素相切，与另一图素相交（切弧位置有先后顺序，先选的图素与圆弧相切，若为小于 90°的尖角，则量一侧不相交的图素，会自动做一条与切线图素平行的延长线，使它们相交）。

2. 倒（斜）角

① 距离 1：即 C 角，距离即为倒角的宽度。

② 距离 2：依照选择顺序，将两图素分别做不同距离的倒角。

③ 距离和角度：指定一条边的宽度和角度的倒角，多用于做已知角度的斜角。

④ 宽度：宽度为倒角两点之间的线段长度。

3. 偏移图素

偏移图素，是将单个图素，在同一平面内，沿指定的方向偏移一定距离，可以通过"编号"参数，设置偏移次数。只能选择方向、距离和次数，不能选择深度。

① 复制：用复制的方式偏移图素，偏移结果为 2 个相同尺寸，不同距离的图素。

② 移动：用移动的方式偏移图素，偏移结果为将原有图素移动一定距离。

③ 连接：用复制的方式偏移图素，同时将两图素的端点用线段连接起来（结果为一个矩形，可选单侧偏移或双侧偏移）。

④ 槽：用复制的方式偏移图素，同时将两图素的端点用相切连接起来。

4. 投影

将图形投影到指定深度、指定平面或指定曲面（实体）上。可以移动图素，也可以将图素/字投影到圆棒/曲面上。

任务三　葫芦零件图绘制

一、任务导入

葫芦是我们中华民族最古老的吉祥物之一，因为其谐音为"福禄"，寓意非常好，所以深受人们的喜爱。本任务要求绘制图 2-17 所示的葫芦成形面零件图。

二、任务分析

葫芦平面图形是对称的，只需绘制上半部分，然后通过旋转实体功能来完成。

图 2-17 所示为葫芦成形面零件，需要绘制圆弧和直线段等，可利用 Mastercam 2025 软件中的直线、圆弧、旋转实体等命令来创建葫芦模型。

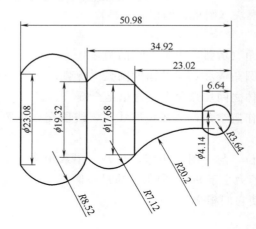

图 2-17　葫芦成形面零件图

三、任务实施

1. 设置车削工件坐标系平面

① 单击屏幕左下角【操作管理器】窗口里边的【平面】管理器选项，从平面窗口可见，平面坐标系全部默认为俯视图，如图 2-18 所示。

② 单击选择车削平面命令 ![icon]，在弹出的立即菜单中选择"＋D＋Z"，如图 2-19 所示。之前的 X 轴与 Y 轴坐标系已变为＋D 轴与 Z 轴（＋D 轴意思为直径，也代表这是X 轴）。

③ 单击屏幕右下角【状态栏】中的绘图平面，就会弹出立即菜单窗口，选择"名称"选项里的＋D＋Z 选项，如图 2-20 所示。刀具平面与 WCS（工件坐标系）也一样选择，可以切换为＋D＋Z 坐标系。

图 2-18　平面管理器

图 2-19　车削平面立即菜单

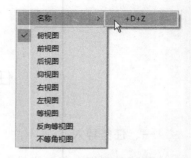

图 2-20　绘图平面立即菜单

这样保持绘图平面（C）、刀具平面（T）与 WCS（工件坐标系）视图统一，都是＋D＋Z 坐标系，方便绘图和编写车削加工程序，设置后的平面管理器，如图 2-21 所示。WCS（工件坐标系），如图 2-22 所示。

图 2-21　平面管理器

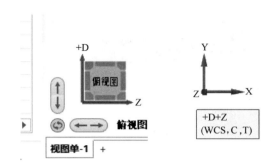

图 2-22　WCS 坐标系

2. 绘制葫芦平面图

① 在【线框】选项卡→"圆弧"功能区中，单击"已知边界点画圆"中的"端点画弧"命令 $\curvearrowright$，捕捉坐标中心点作为第一点，输入第二点坐标（4.14，−6.64），移动鼠标在合适位置单击，然后在"端点画弧"对话框中输入半径3.64，单击确定 ✅，完成圆弧绘制，如图 2-23 所示。同理，捕捉 R3.64 圆弧终点，输入第二点坐标（17.68，−23.02），输入半径 20.2，完成 R20.2 圆弧绘制，如图 2-24 所示。

图 2-23　绘制 R3.64 圆弧　　　　　　　　　图 2-24　绘制 R20.2 圆弧

② 在【线框】选项卡→"圆弧"功能区中，单击"已知边界点画图"中的"端点画弧"命令 $\curvearrowright$，捕捉 R20.2 圆弧终点作为第一点，输入第二点坐标（19.32，−34.92），移动鼠标在合适位置单击，然后在"端点画弧"对话框中输入半径 7.12，单击确定 ✅，完成 R7.12 圆弧绘制，如图 2-25 所示。同理，捕捉 R7.12 圆弧终点，输入第二点坐标（23.08，−50.98），输入半径 8.52，完成 R8.52 圆弧绘制。最后用【线端点】命令绘制两条直线段，如图 2-26 所示。

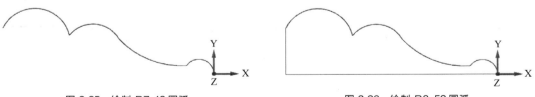

图 2-25　绘制 R7.12 圆弧　　　　　　　　　图 2-26　绘制 R8.52 圆弧

3. 创建葫芦实体模型

在【实体】选项卡→"创建"功能区中，单击"旋转"命令 🗒，弹出"旋转实体"对话框，如图 2-27 所示。串连拾取葫芦平面轮廓，单击拾取水平中线作为旋转轴，单击确定 ✅，完成葫芦实体模型创建，如图 2-28 所示。

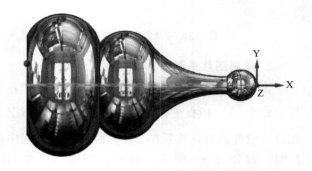

使用对话框选择串连，选择旋转轴，以及修改旋转设置

图 2-27　旋转实体对话框

图 2-28　创建葫芦实体模型

四、知识拓展

实体模型的构建方法有拉伸、旋转、扫描、举升、倒圆角、倒角、抽壳、薄片加厚、布尔运算等。根据其构建原理的不同，可以将这些方法分为以下几个大类：基本实体、创建实体、修剪实体等。

构建一个实体模型，可以分为以下几个步骤：

（1）构建实体的基础操作。相当于创建零件毛坯。基本操作通常在实体操作管理器中的实体下列出，一般作为附加操作的基础，创建基本操作的方法主要有以下两种。

① 构建一个基本实体（如圆柱体、圆锥体、立方体、球体或圆环体）。

② 用串连曲线创建实体（拉伸、旋转、扫描或举升）。

（2）构建实体的附加操作。相当于在零件毛坯的基础上进行"添加材料"或"删除材料"的操作，属于这一类的操作有如下几项。

① 在现有实体的基础上，将串连曲线通过拉伸、旋转、扫描或举升操作"添加材料"或"删除材料"。

② 实体倒圆角。

③ 实体倒角。

④ 抽壳。

⑤ 修剪实体。

⑥ 布尔运算。

（3）实体模型的管理。在实体操作管理器中编辑各个操作的参数和几何图形，并重新生成实体模型。

任务四　手柄零件图绘制

一、任务导入

辘轳是古代汉族民间的起重机械，常用于人们从井中汲水，流行于北方地区。本任务要求绘制图 2-29 所示的辘轳中手柄的平面图，为辘轳的加工提供机械图样。

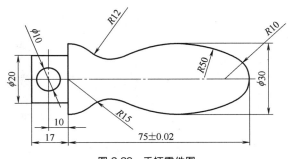

图 2-29　手柄零件图

二、任务分析

图 2-29 所示为手柄零件图，右侧圆弧较多不太容易控制，左侧矩形形状相对比较简单，平面图形是对称的，需要绘制圆弧和直线段等，只需绘制上半部分，下可半部分可以通过镜像来完成。主要利用 Mastercam 2025 软件中的直线、圆、圆弧、镜像、修剪、分割等命令来完成绘图。

三、任务实施

① 在【线框】选项卡→"圆弧"功能区中，单击"已知边界点画圆"命令 ⊕，输入圆中心点坐标（−10，0），输入半径 10，单击确定 ✅，完成 R10 圆绘制。

② 在【线框】选项卡→"修剪"功能区中，单击"偏移图素"命令 ⊢•，拾取水平中线，向上偏移，输入距离 15，单击确定 ✅，完成偏移辅助线绘制，如图 2-30 所示。

③ 在【线框】选项卡→"圆弧"功能区中，单击"切弧"命令 ╲，选择"两图素切弧"方式，捕捉圆弧和圆弧、圆弧和直线的两个相切点，输入半径 50，单击确定 ✅，完成 R50 圆弧绘制，如图 2-31 所示。

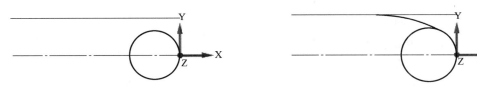

图 2-30　绘制 R10 圆弧　　　　　　　　**图 2-31　绘制 R50 圆弧（1）**

④ 在【线框】选项卡→"修剪"功能区中，单击"修剪到图素"命令 ✎，在靠近上平线附近拾取 $R50$ 圆弧线，捕捉中线上一点，单击确定 ✅，完成圆弧延长线绘制，如图 2-32 所示。

⑤ 在【线框】选项卡→"形状"功能区中，单击"矩形"命令按钮 ▭，选择圆角矩形命令，打开"矩形"对话框，【原点】选择右侧中点，输入中心点坐标（−75，0），输入宽度 17、高度 20。单击确定 ✅，完成矩形绘制。

⑥ 在【线框】选项卡→"圆弧"功能区中，单击"已知边界点画圆"命令 ⊕，输入圆中心点坐标（−85，0），输入半径 5，单击确定 ✅，完成 $R5$ 圆绘制，图 2-33 所示。

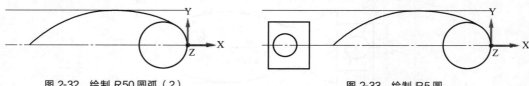

图 2-32 绘制 R50 圆弧（2）　　　　　图 2-33 绘制 R5 圆

⑦ 在【线框】选项卡→"圆弧"功能区中，单击"已知边界点画圆"命令 ⊕，捕捉矩形右中点，输入半径 15，单击确定 ✅，完成 $R15$ 圆绘制，图 2-34 所示。

⑧ 在【线框】选项卡→"圆弧"功能区中，单击"切弧"命令 ⌐，选择"两图素切弧"方式，捕捉 $R15$ 圆弧和 $R50$ 圆弧的两个相切点，输入半径 12，单击确定 ✅，完成 $R12$ 圆弧绘制，如图 2-34 所示。

⑨ 在【线框】选项卡→"修剪"功能区中，单击"分割"命令 ✕，单击不需要的线删除，单击确定 ✅，完成多余图素修剪。

⑩ 在【转换】选项卡→"位置分析"功能区中，单击"镜像"命令按钮 ⬌，弹出打开镜像对话框，X 轴作为镜像轴，选择复制方式，选择圆弧轮廓线，单击确定 ✅，完成圆弧轮廓线镜像，完成手柄零件图绘制，如图 2-35 所示。

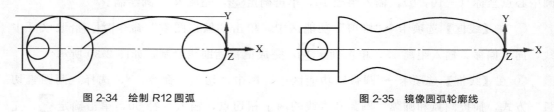

图 2-34 绘制 R12 圆弧　　　　　图 2-35 镜像圆弧轮廓线

四、知识拓展

手柄平面图的绘图步骤如下：
① 画基准线，并根据定位尺寸画出定位线。
② 画已知线段，如 $R5$、$R10$ 圆。
③ 画中间线段，如 $R15$、$R50$ 圆弧。
④ 画连接线段，如 $R12$ 圆弧。

任务五　删除重复图素

一、任务导入

在绘图过程中往往会出现重复图素的情况，重复图素会给我们的工作带来麻烦，对于重复图素的问题，Mastercam 提供了良好的解决方法。本任务主要通过实例来学习删除重复图素的方法。

二、任务分析

删除重复的图素的两种方法

① 主页—删除重复图素。它只能检查出完全相同的重复图素。

② 主页—运行加载项—findOverlap—选要检查的图素清除。

三、任务实施

① 单击"主页"选项卡→"删除"功能区板→"重复图形"命令。单击"重复图形"按钮 ✕，删除重复图素。

软件会统计当前界面的重复图素并进行删除（对于起始点和终止点不完全重合的直线和圆弧无法删除）如图 2-36 所示。

② 点击"高级"按钮，选择图素，得到如图 2-37 所示高级选项对话框，可以进行设定图素重复的条件，根据工作需要设定条件后，对重复图素进行删除。

图 2-36　删除重复图形

图 2-37　删除重复图形高级选项

删除重复图形命令只能检查出完全相同的重复图素，对于删除起始点相同，终止点不同的重复线与圆弧，就要用到插件 FindOverlap. dll。

③ 单击"主页"选项卡→"加载项"功能区→"运行加载项"命令，打开如图 2-38 所

示插件文件对话框，找到 FindOverlap.dll 插件并打开，选择要检查重叠的图素。弹出查找重叠加载项，如图 2-39 所示。

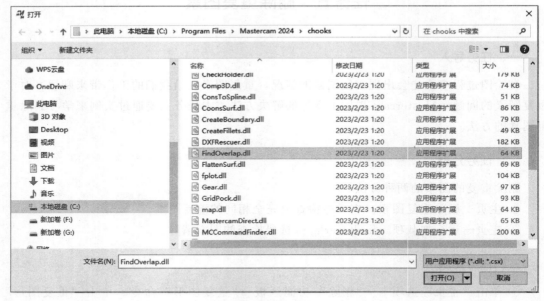

图 2-38　插件文件选择

④ 单击"清除"按钮，单击"确定"按钮，软件会自动清除重复图素，并保留最长图形，如图 2-40 所示。

图 2-39　查找重叠加载项

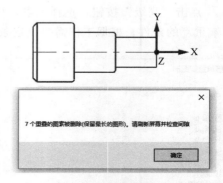

图 2-40　清除重叠图素

任务六　典型螺纹轴零件图绘制

一、任务导入

Mastercam 2025 是一款基于 PC 平台的 CAD/CAM 软件，为用户提供了二维绘图、三维实体造型、曲面设计、体素拼合、数控编程、刀具路径模拟等功能。本任务主要完成如图 2-41 所示的螺纹轴零件绘制。

二、任务分析

该螺纹轴零件，主要由直线和圆弧组成，按照系统提供的绘线和矩形功能，快速绘制零件外轮廓，再用绘制圆命令绘制半圆弧。通过本任务主要学习 Mastercam 2025 软件的线端点、矩形、圆弧绘制功能和分割修剪功能。

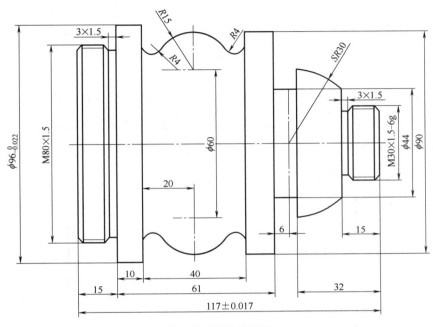

图 2-41　螺纹轴零件图

三、任务实施

① 单击【文件】菜单的"打开"命令![icon]，选择图层模板文件，单击打开。单击【文件】菜单的"另存为"命令，输入典型螺纹轴零件图绘制文件名保存文件。单击左侧"层别管理器"中的 2 号实线层为当前层。

②在【线框】选项卡→"绘线"功能区中，单击"线端点"命令![icon]，绘制一条 120 的中心线，然后选择中心线，单击右键，在弹出的迷你窗口中，将线型改为中心点划线。

③在【线框】选项卡→"形状"功能区中，单击"矩形"命令按钮![icon]，选择圆角矩形命令，打开矩形对话框。【原点】捕捉右侧矩形中心，输入宽度 12、高度 30，单击确定![icon]，同理，完成宽度 3，高度 27 的矩形绘制，如图 2-42 所示。

④在【线框】选项卡→"修剪"功能区中，单击"倒角"命令![icon]，输入倒角距离 1，单击需要倒角的线，单击确定![icon]，完成倒角绘制，如图 2-43 所示。

⑤ 在【线框】选项卡→"形状"功能区中，单击"矩形"命令按钮![icon]，选择圆角矩形命令，打开矩形对话框。【原点】捕捉右侧矩形中心，输入宽度 17、高度 60，单击确定![icon]，同理，完成宽度 9，高度 44 的矩形绘制，如图 2-44 所示。

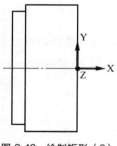

图 2-42 绘制矩形（3）

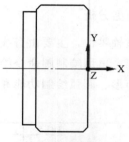

图 2-43 绘制倒角

⑥ 在【线框】选项卡→"圆弧"功能区中，单击"已知边界点画圆"命令⊕，输入圆中心点坐标（-35，0），输入半径 30，单击确定✅，完成 R30 圆绘制。

⑦ 在【线框】选项卡→"修剪"功能区中，单击"分割"命令✖，单击不需要的线删除，单击确定✅，完成图素修剪，如图 2-45 所示。

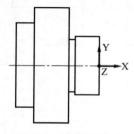

图 2-44 绘制矩形（4）

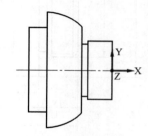

图 2-45 绘制圆弧（1）

⑧ 在【线框】选项卡→"形状"功能区中，单击"矩形"命令按钮▭，选择圆角矩形命令，打开"矩形"对话框。[原点] 捕捉右侧矩形中心，输入宽度 11、高度 90，单击确定✅，同理完成其他矩形绘制，如图 2-46 所示。

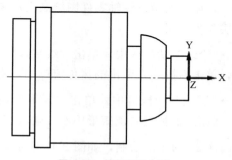

图 2-46 绘制矩形（5）

⑨ 在【线框】选项卡→"圆弧"功能区中，单击"已知边界点画圆"命令⊕，输入圆中心点坐标（-72，30），输入半径 15，单击确定✅，完成 R15 圆绘制。

⑩ 在【线框】选项卡→"圆弧"功能区中，单击"切弧"命令⌐，选择"两图素切弧"方式，捕捉圆弧和直线的两个相切点，输入半径 4，单击确定✅，完成 R4 圆弧绘

制。在【线框】选项卡→"修剪"功能区中，单击"分割"命令 ✕，单击不需要的线删除，单击确定 ✅，完成图素修剪，如图 2-47 所示。

⑪ 在"转换"选项卡→"位置分析"功能区中，单击"镜像"命令按钮 ⊥⊤，弹出打开镜像对话框，X 轴作为镜像轴，选择复制方式，选择圆弧轮廓线，单击确定 ✅，完成圆弧轮廓线镜像，完成圆弧轮廓线绘制，如图 2-47 所示。

⑫ 在【线框】选项卡→"修剪"功能区中，单击"倒角"命令 ⌐，输入倒角距离 1，单击需要倒角的线，单击确定 ✅，完成倒角绘制，最后连接倒角线，完成螺纹轴零件图绘制，如图 2-48 所示。

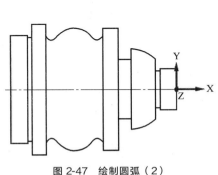

图 2-47　绘制圆弧（2）

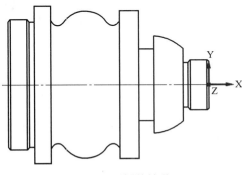

图 2-48　绘制倒角线

四、知识拓展

零件造型可以通过如下三种途径来完成：

① 由系统本身的 CAD 模块来建立模型。

② 通过系统提供的 DWG、DXF、IGES 等标准图形转换接口，把其他 CAD 软件生成的图形转变成本系统的图形文件，实现图形文件共享。

③ 通过系统提供的 ASCll 图形转换接口，把经过三坐标测量仪或扫描仪测得的实物数据（XYZ 离散点）转变成本系统的图形文件。

项目小结

Mastercam 2025 软件，提供了快速编写车削刀具路径所需的功能，可以很轻松地进行粗加工、切槽、车螺纹、切断、镗孔、孔钻和精加工程序，并且也提供了素材加工的自动残料车削、自动过切保护，可完全确保车削过程的安全性。

本项目主要学习 Mastercam 2025 软件的零件图绘制方法，掌握带锥度的轴杆零件图绘制、多槽轴零件图绘制、葫芦零件图绘制、手柄零件图绘制和螺纹轴零件图绘制，学会删除重复图素方法。通过绘制轴类平面图形、高级曲线等平面图形，培养学生认真负责、踏实敬业的工作态度和严谨求实、一丝不苟的工作作风。

思考与练习

1. 绘制如图 2-49 所示机器鱼零件平面图。

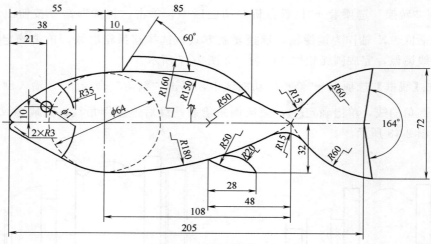

图 2-49　机器鱼零件平面图

2. 绘制如图 2-50 所示成形轴零件平面图。

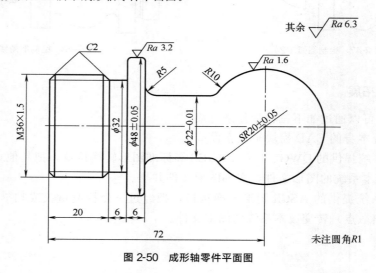

图 2-50　成形轴零件平面图

項目三

Mastercam 2025
非圆曲线轴类零件建模

Mastercam 2025 是美国 CNC Software Inc 公司开发的基于 PC 平台的 CAD/CAM 软件。它具有方便直观的几何造型。Mastercam 提供了设计零件外形所需的理想环境，其强大稳定的造型功能可设计出复杂的曲线、曲面零件。本项目通过对正弦曲线、双曲线、抛物线等非圆曲线绘制工作任务的学习，引导读者快速掌握并熟练运用 Mastercam 2025 软件的非圆曲线零件建模方法。

✳ 育人目标 ✳
· 通过对非圆曲线轴类零件绘制，教育引导学生培育和践行社会主义核心价值观，踏踏实实修好品德，成为有大爱大德大情怀的人。
· 培养学生的科学思维，建立正确的科学观和唯物主义世界观。
· 教育引导学生珍惜学习时光，心无旁骛求知问学，增长见识，丰富学识，沿着求真理、悟道理、明事理的方向发展。

✳ 技能目标 ✳
· 掌握正弦曲线和双曲线的绘制方法。
· 掌握抛物线和椭圆的绘制方法。
· 掌握螺栓和蜗杆实体造型方法。
· 掌握轴类零件实体造型方法。

任务一　绕线筒正弦曲线轮廓绘制

一、任务导入

在职业技能竞赛与企业实际生产中，常出现数学函数曲线或函数曲面构建的加工特征，针对该类曲面，常见的建模方法是通过利用相关函数插件进行造型。Mastercam 2025 软件提供函数插件来完成一些特定的曲线的绘制。本任务主要是绘制如图 3-1 所示的绕线筒正弦曲线轴类零件图。正弦曲线方程：$Y = 3\sin(0.3142X)$。

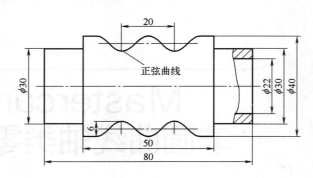

图 3-1　绕线筒零件图

二、任务分析

绕线筒零件图是含有一段正弦曲线的轴类零件，主要运用直线、矩形、函数插件等功能绘制。本任务主要通过绘制绕线筒零件图来学习正弦曲线的绘制方法，以及矩形、分割、旋转和倒角等功能的用法。

三、任务实施

1. 绘制绕线筒轮廓线

① 在【线框】选项卡→"绘线"功能区中，单击"线端点"命令 ✏，捕捉坐标中心点，向左绘制一条 85mm 的中心线。

② 在【线框】选项卡→"形状"功能区中，单击"矩形"命令按钮 ▭，选择圆角矩形命令，打开矩形对话框，【原点】选择右侧中点，输入宽度 30、高度 15。单击坐标中心原点，单击确定 ✅，完成矩形绘制。同理，绘制宽度 40、高度 50 矩形及左边宽度 30、高度 15 的矩形，如图 3-2 所示。

③ 在【线框】选项卡→"形状"功能区中，单击"平行"命令 ✏，单击选择圆柱长度 50 段的左侧竖线，指定平行方向，输入距离 15，单击确定 ✅，完成竖线的平行线绘制，同理完成其他平行线绘制，如图 3-3 所示。

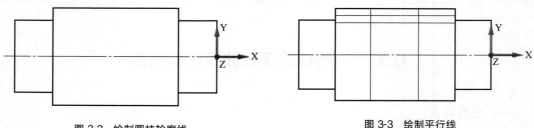

图 3-2　绘制圆柱轮廓线　　　　　　　　　　　图 3-3　绘制平行线

2. 绘制正弦曲线

① 在【主页】选项卡→"加载项"功能区中，单击"运行加载项"命令按钮 ⚙，弹出打开插件对话框，选择函数插件 fplot.dll，如图 3-4 所示，单击"打开〔O〕"，然后在弹出函数程序对话框中检索 EQN 后缀文件，选择 SINE.EQN 函数程序文件，如图 3-5 所示，单击"打开〔O〕"，进入函数绘图功能工作界面，如图 3-6 所示。

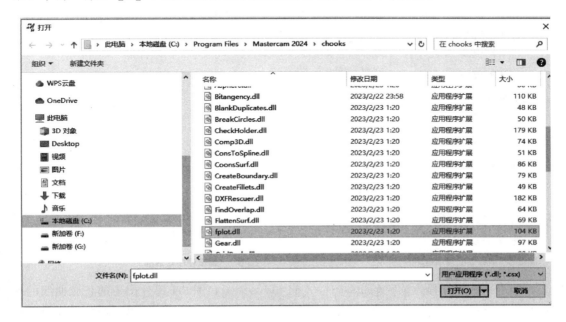

图 3-4　函数插件对话框

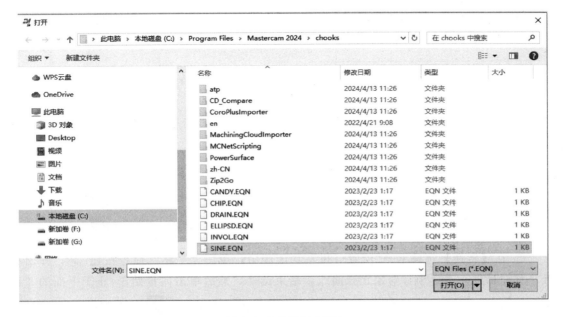

图 3-5　函数程序对话框

② 单击"编辑程序",打开"编辑程序"对话框,如图 3-7 所示。在此可以编辑函数文本程序,其中包含各项函数的计算参数与数值,默认采用记事本编辑器打开程序文本,当记事本编辑器未关闭时,无法进行其他操作。编辑函数文本时,应注意用英文大小写来编写,且注意语法与空格等符号的输入方法。

图 3-6　函数绘图对话框

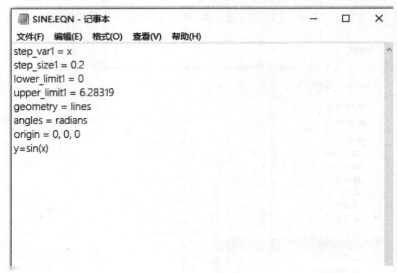

图 3-7　编辑程序对话框

③ 正弦函数方程为 $y = A\sin(\omega x)$,$(A>0,\omega>0)$,图 3-1 零件图中的正弦曲线的振幅 A 为 3mm,周期 T 为 20mm,$T=2\pi/\omega$,$\omega=2\pi/T=0.314$,所以,按照绕线筒正弦曲线尺寸大小,正弦曲线方程可修改为:$y=3\sin(0.314x)$。修改函数程序如图 3-8 所示,然后另存为 EQN 格式文本文件。

④ 在函数绘图对话框中,点击【线】,选择参数式曲线,点击【绘制】,软件根据参数定义画出正弦曲线,如图 3-9 所示。

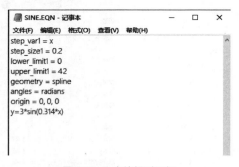

图 3-8　程序编辑对话框

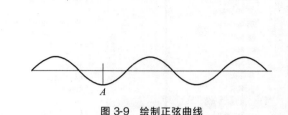

图 3-9　绘制正弦曲线

⑤ 在【转换】选项卡→"位置分析"功能区中,单击"平移"命令按钮，弹出打开平移对话框,选择平移对象正弦曲线,结束选择,然后单击向量始于/止于下面的"重新选择",捕捉拾取正弦曲线 A 点,移到 B 点单击,单击确定，完成正弦曲线平移,如图 3-10 所示。通过分割修剪多余线,结果如图 3-11 所示。

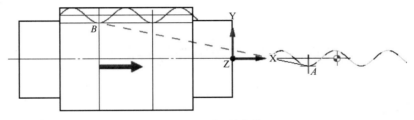

图 3-10　平移正弦曲线

⑥ 在【转换】选项卡→"位置分析"功能区中，单击"镜像"命令按钮，弹出打开镜像对话框，X 轴作为镜像轴，选择复制方式，选择镜像对象正弦曲线，单击确定，完成正弦曲线镜像，如图 3-12 所示。

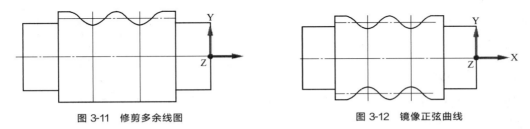

图 3-11　修剪多余线图　　　　　　　　　图 3-12　镜像正弦曲线

四、知识拓展

正弦函数方程：$y = A\sin(\omega * x + \phi) + k$，$(A > 0，\omega > 0)$

A——振幅，当物体作轨迹符合正弦曲线的直线往复运动时，杠杆 op 的长度也可竖向伸缩的程度。（注意：伸缩后的振幅＝原振幅×A）原振幅一般为 1。

ϕ——初相，$x = 0$ 时的相位，图 3-13 中 OP 杆的起始弧度；反映在坐标系上则为图像的左右移动。

k——偏距，反映在坐标系上则为图像的上移或下移。

ω——角速度，图 3-13 中杆 OP 绕 O 点旋转的角速度，控制正弦周期（投影区域单位弧度内震动的次数），在图像上也可以理解为横向伸缩的程度。（注意：伸缩后的周期＝原周期/ω），原周期一般为 2π，$T = 2\pi/\omega$。

同振幅，不同周期的正弦曲线，如图 3-13 所示。

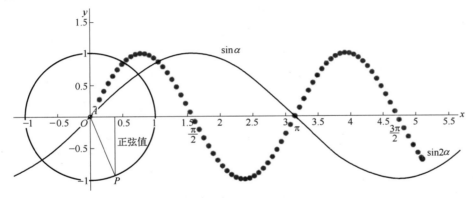

图 3-13　正弦曲线

任务二 抛物线轴类零件图绘制

一、任务导入

在职业技能竞赛与企业实际生产中，常出现数学函数曲线或函数曲面构建的加工特征，针对该类曲面，常见的建模方法是通过利用相关函数插件进行造型。Mastercam 2025 软件提供函数插件来完成一些特定的曲线的绘制。本任务主要是绘制如图 3-14 所示的抛物线轴类零件图。抛物线方程：$Y(t) = t$，$X(t) = (t^2/8) - 50$。

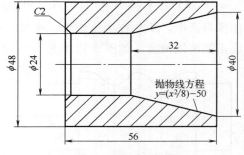

图 3-14 抛物线轴类零件图

二、任务分析

图 3-14 轴类零件图是含有一段抛物线弧的轴类零件，主要运用直线、矩形、函数插件等功能绘制。本任务主要通过绘制抛物线轴类零件图来学习抛物线的绘制方法，以及矩形、分割、旋转和倒角等功能的用法。

三、任务实施

1. 绘制抛物线

① 在【主页】选项卡→"加载项"功能区中，单击"运行加载项"命令按钮 ⚙，弹出打开插件对话框，选择函数插件 fplot.dll，如图 3-15 所示，单击"打开［O］"，然后

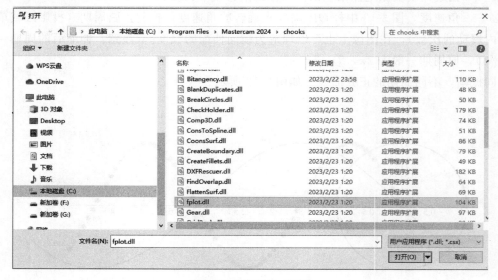

图 3-15 函数插件对话框

在弹出函数程序对话框中检索 EQN 后缀文件，可以看到多个 EQN 文件，包含了曲面和曲线，我们拿 SINE.EQN 来进行更改，当然也可以自己新建，如图 3-16 所示，单击"打开［O］"，进入函数绘图功能工作界面，如图 3-17 所示。

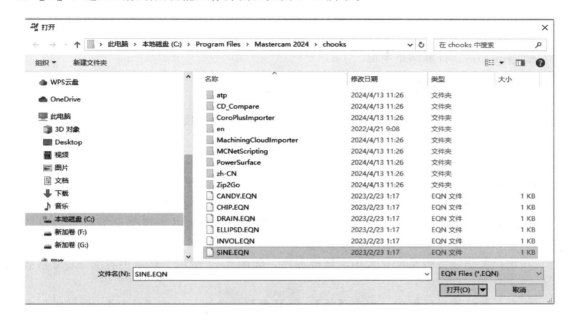

图 3-16　函数程序对话框

② 单击"编辑程序"，打开"编辑程序"对话框，如图 3-18 所示。在此可以编辑函数文本程序，其中包含各项函数的计算参数与数值，默认采用记事本编辑器打开程序文本，当记事本编辑器未关闭时，无法进行其他操作。程序解释如下：

a. step_var：自变量定义

如：step_var1＝t　自变量 1 为 t

b. step_size：自变量增量

图 3-17　函数绘图对话框

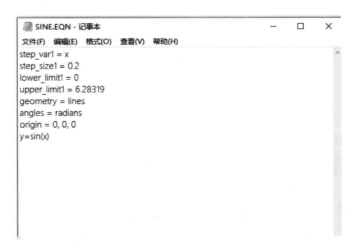

图 3-18　编辑程序对话框

如：step_size1＝0.2　自变量 1（t）每次计算增加 0.2

c. lower_limit：自变量下极限值

如：lower_limit1＝0　自变量 1（t）从 0 开始计算

d. upper_limit：自变量上极限值

如：upper_limit1＝10　自变量 1（t）计算到 10 结束

e. geometry：计算结果类型

如：geometry＝lines　输出结果类型为线

f. angles：弧度计算模式

如：upper_limit1＝radians　计算时，采用弧度制计算角度

g. origin：函数起点

如：origin＝0，0，0，计算时，计算起点为 X_0，Y_0，Z_0

h. 因变量指定：指定因变量及函数，可同时指定多个值并可增加辅助常量

如：y＝t　x＝2t　设定因变量 x、y 随自变量与函数公式变化

编辑函数文本时，应注意用英文大小写来编写，且注意语法与空格等符号的输入方法。

③ 按照抛物线方程及尺寸大小，修改程序，如图 3-19 所示。然后另存为 EQN 格式文本。

④ 在函数绘图对话框中，点击【线】，选择参数式曲线，点击【绘制】，软件根据参数定义画出抛物线，如图 3-20 所示。

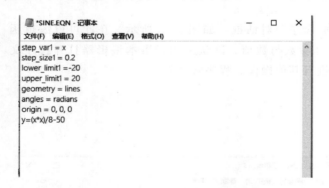

图 3-19　程序编辑对话框

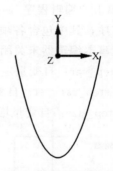

图 3-20　绘制抛物线

2. 旋转抛物线

在【转换】选项卡→"位置分析"功能区中，单击"旋转"命令按钮，弹出"旋转"对话框，如图 3-21 所示。输入角度 270，选择旋转对象抛物线，单击坐标中心原点，单击确定，完成抛物线旋转，如图 3-22 所示。

3. 绘制矩形

① 在【线框】选项卡→"形状"功能区中，单击"矩形"命令按钮，选择圆角矩形命令，打开矩形对话框，如图 3-23 所示。【原点】选择右侧中点，输入宽度 56、高度 48。单击坐标中心原点，单击确定，完成矩形绘制，如图 3-24 所示。

图 3-21　旋转对话框

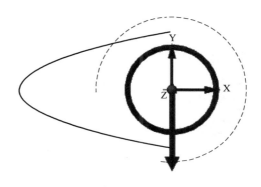

图 3-22　旋转抛物线

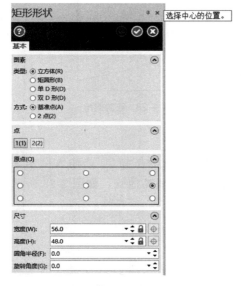

图 3-23　矩形对话框（1）

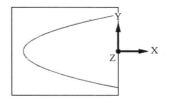

图 3-24　绘制矩形（6）

② 同理，在【线框】选项卡→"形状"功能区中，单击"矩形"命令按钮 ▢，选择圆角矩形命令，打开矩形对话框，如图 3-25 所示。【原点】选择左侧中点，输入宽度 24、高度 24。单击矩形左侧中心线点，单击确定 ✅，完成矩形绘制，如图 3-26 所示。

4. 修剪抛物线

在【线框】选项卡→"修剪"功能区中，单击"分割"命令按钮 ✕，单击不需要的线，完成抛物线修剪，如图 3-27 所示。

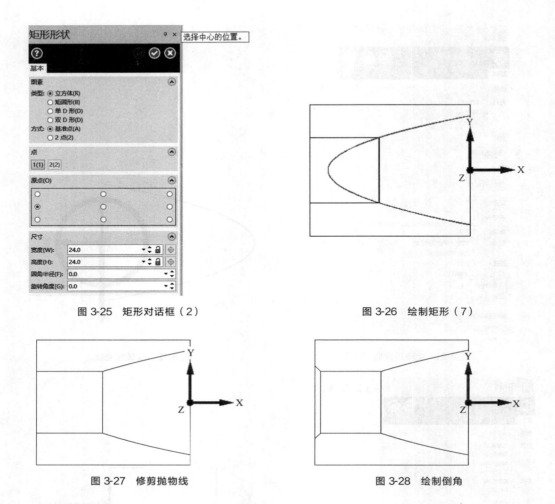

图 3-25　矩形对话框（2）　　　　　　　　　　　图 3-26　绘制矩形（7）

图 3-27　修剪抛物线　　　　　　　　　　　图 3-28　绘制倒角

5. 绘制倒角

在"线框"选项卡→"修剪"功能区中，单击"倒角"命令按钮，输入倒角距离 2，然后单击第一条线，再单击第二条线，完成倒角绘制，补画其他线，如图 3-28 所示。

四、知识拓展

1. 普通方程化为参数方程

绘制用直角坐标方程表达的曲线 $y = f(x)$ 时，应该先转换成参数方程或极坐标方程，然后使用这些方程绘制曲线。把曲线的普通方程化为参数方程的关键是选参数。参数的选取要使其和 x、y 之间具有明显的数关系。参数方程实际上是一个方程组，其中，x、y 分别为曲线上动点的横坐标和纵坐标，参数方程的参数可以协调 x、y 的变化，把曲线上动点的各坐标间接地联系起来。与运动有关的问题可以取时间 t 作参数，与旋转有关的问题可以选取角 θ 参数，或选取直线的倾斜斜角、斜率等。一般可设 $x = f(t)$ [或 $y = g(t)$]，将 x（或 y）代入 $F(x, y) = 0$ 解出 $y = g(t)$ [或 $x = f(t)$]，即可得参数方程：$x = f(t)$，$y = g(t)$。方程中 t 是参数。

例如选取适当参数，把直线方程 $y = 2x + 3$ 化为参数方程。

解：选 $t=x$，则 $y=2t+3$，由此得直线的参数程为 $x=1$，$y=2t+3$。也可选 $t=x+1$，则 $y=2t+1$，由此得直线的参数方程为：$x=t-1$，$y=2t+1$

2. 抛物线参数方程

抛物线定义：平面内与一个定点 F 和一条直线 l 的距离相等的点的轨迹叫作抛物线，点 F 叫作抛物线的焦点，直线 l 叫作抛物线的准线，定点 F 不在定直线上。表 3-1 所示为四种抛物线性质及焦点半径公式。

表 3-1　四种抛物线性质及焦点半径公式

方程	$y^2=2px$（$p>0$）	$y^2=-2px$（$p>0$）	$x^2=2py$（$p>0$）	$x^2=-2py$（$p>0$）
图形				
范围	$x\geqslant0,y\in\mathbf{R}$	$x\leqslant0,y\in\mathbf{R}$	$x\in\mathbf{R},y\geqslant0$	$x\in\mathbf{R},y\leqslant0$
对称性	关于 x 轴对称	关于 x 轴对称	关于 y 轴对称	关于 y 轴对称
顶点	$(0,0)$	$(0,0)$	$(0,0)$	$(0,0)$
焦半径	$\dfrac{p}{2}+x_0$	$\dfrac{p}{2}-x_0$	$\dfrac{p}{2}+y_0$	$\dfrac{p}{2}-y_0$
焦点弦的长度	$p+x_1+x_2$	$p-(x_1+x_2)$	$p+y_1+y_2$	$p-(y_1+y_2)$

抛物线标准方程为 $y^2=\pm2px$。

① 经过化简后焦点在 x 轴上的抛物线参数方程：

$$x=\pm(1/2p)t^2$$
$$y(t)=t$$

② 经过化简后焦点在 y 轴上的抛物线参数方程：

$$x=t$$
$$y(t)=\pm(1/2p)t^2$$

例如图 3-29 所示抛物线标准方程 $Z=-X^2/16$，则经过化简后焦点在 x 轴上的抛物

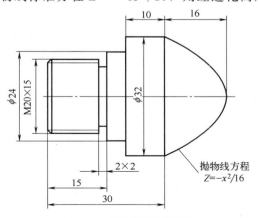

图 3-29　抛物线轴类零件图

线参数方程可表示为：

$$x = -0.25t^2 \quad (t \text{ 值取值范围为} -20° \sim 20°)$$
$$y(t) = t$$

任务三　椭圆轴零件图绘制

一、任务导入

Mastercam 2025 软件提供高级函数曲线绘图功能，高级曲线是指由基本元素组成的一些特定的图形或特定的曲线。本任务主要是绘制如图 3-30 所示的椭圆轴零件图。

二、任务分析

图 3-30 所示椭圆轴零件图是含有一段椭圆弧的椭圆轴零件，主要运用直线、矩形、椭圆等功能绘制。本任务主要通过绘制椭圆轴零件图来学习椭圆的绘制方法，以及矩形、裁剪、镜像和倒角功能的用法。

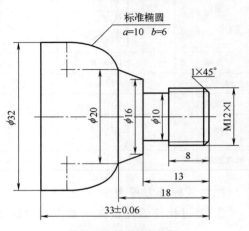

图 3-30　椭圆轴零件图

三、任务实施

① 在【线框】选项卡→"形状"功能区中，单击"矩形"命令按钮 ▭，选择圆角矩形命令，打开矩形对话框，【原点】选择右侧中点，输入宽度 8、高度 12。单击坐标中心原点，单击确定 ✅，完成矩形绘制，同理完成其他矩形绘制，如图 3-31 所示。

② 在【线框】选项卡→"形状"功能区中，单击"平行"命令 ╱，单击选择圆柱长度 15 段的右侧竖线，指定平行方向，输入距离 10，单击确定 ✅，完成竖线的平行线绘制，同理完成其他平行线绘制，如图 3-32 所示。

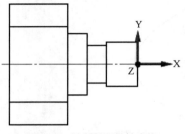

图 3-31　绘制椭圆轴轮廓线

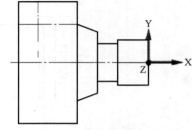

图 3-32　绘制辅助线

③ 在【线框】选项卡→"形状"功能区中，单击"矩形"下的椭圆命令 ⬭，单击椭圆中心点 O，捕捉椭圆长半轴 A 点，然后捕捉椭圆短半轴 B 点，单击确定 ✅，完成椭圆

绘制，如图 3-33 所示。

④ 在【转换】选项卡→"位置分析"功能区中，单击"镜像"命令按钮 ，弹出打开镜像对话框，X 轴作为镜像轴，选择复制方式，选择镜像对象椭圆，单击确定 ，完成椭圆曲线镜像，最后修剪删除多余线，完成椭圆零件图绘制，如图 3-34 所示。

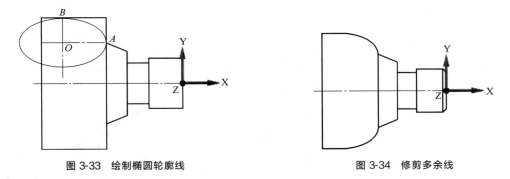

图 3-33　绘制椭圆轮廓线　　　　　　　　　图 3-34　修剪多余线

四、知识拓展

椭圆标准方程：

① 焦点在 x 轴上：$\dfrac{x^2}{a^2}+\dfrac{y^2}{b^2}=1$（$a>b>0$）；焦点 $F(\pm c,0)$

② 焦点在 y 轴上：$\dfrac{y^2}{a^2}+\dfrac{x^2}{b^2}=1$（$a>b>0$）；焦点 $F(0,\pm c)$

注意：①在两种标准方程中，总有 $a>b>0$，$a^2=b^2+c^2$ 并且椭圆的焦点总在长轴上；长半轴=a，短半轴=b

任务四　螺栓实体造型

一、任务导入

螺栓是一种机械零件，由头部和螺杆（带有外螺纹的圆柱体）两部分组成，是配用螺母的圆柱形带螺纹的紧固件。螺栓与螺母配合，用于紧固连接两个带有通孔的零件。这种连接形式称螺栓连接，在钢结构建筑中使用螺栓比较多。本任务利用 Mastercam 2025 学习绘制螺栓，我们知道标准 M20 螺栓，螺距是 2.5，为三角形螺纹。

二、任务分析

螺栓实体造型，主要是创建螺纹和六棱柱实体，可利用 Mastercam 2025 软件中的螺旋线、圆、扫描、拉伸、布尔运算、倒角等命令来完成。

三、任务实施

① 调整绘图平面为右视图，$Z=0$。在【线框】选项卡→"圆弧"功能区中，单击

"已知点画圆"命令⊕，捕捉坐标中心为圆点，输入半径 9.95，单击确定◉，完成圆绘制，绘直径等于 19.9mm 圆（M20 螺栓实际半径会小一点），如图 3-35 所示。

② 在【实体】选项卡→"创建"功能区中，单击"拉伸"命令🗋，弹出【实体拉伸】对话框，单击拾取拉伸圆轮廓线，选择创建主体，输入距离 50，反向拉伸，单击确定◉，完成拉伸实体造型，如图 3-36 所示。

③ 在【实体】选项卡→"修剪"功能区中，单击"单一距离倒角"命令◻，弹出【单一距离倒角】对话框，选择上端边界圆，倒角距离 2.0，单击确定◉，结果如图 3-37 所示。

图 3-35　绘制圆　　　　　　图 3-36　圆实体造型　　　　　　图 3-37　实体倒角

④ 在【线框】选项卡→"形状"功能区中，单击"矩形"下的"螺旋线"命令🌀，打开螺旋对话框，如图 3-38 所示。【原点】捕捉左侧圆面中心，设置参数，半径 10 即螺栓的半径，间距 2.5 为螺距，高度 50，圈数 20，单击确定◉，完成螺旋线绘制，如图 3-39 所示。

图 3-38　螺旋对话框

设置选项，按 [Enter]，"应用"或"确定"

图 3-39　绘制螺旋线

⑤ 调整绘图平面为俯视图。在【线框】选项卡→"形状"功能区中，单击"矩形"下的"多边形"命令⬠，打开多边形对话框，如图 3-40 所示。基准点捕捉左边螺旋线端点，设置参数，边数 3，内圆半径 2，单击确定◉，完成正三角形绘制，如图 3-41 所示。

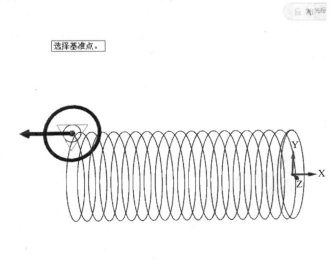

　　　　　图 3-40　多边形对话框　　　　　　　　　　　图 3-41　绘制正三角形

　　⑥ 在【主页】选项卡→"分析"功能区中，单击"图素分析"命令 ，选择正三角形的边长，得知边长为 6.928mm。

　　⑦ 在【转换】选项卡→"尺寸"功能区中，单击"比例"命令 ，打开"比例"对话框，选择正三角形，输入缩放比例 2.49/6.928。将正三角形的边长改变为螺距 2.5（软件计算需要，绘图时取 2.49），单击确定 ，完成正三角形的边长缩放。

　　⑧ 在【转换】选项卡→"位置"功能区中，单击"平移"命令 ，打开"平移"对话框，选择正三角形，将三角形垂直边中点移到螺旋线起点，使两点重合，单击确定 ，完成三角形移动，如图 3-42 所示。

　　⑨ 在【实体】选项卡→"创建"功能区中，单击"扫描"命令 ，打开"扫描"对话框，选择正三角形为要扫描线，螺旋线为引导线，类型选择切割主体，单击确定 ，生成如图 3-43 所示的螺纹。

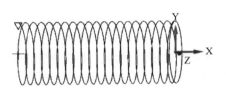

　　　　图 3-42　移动正三角形　　　　　　　　　　　　图 3-43　创建螺纹实体

　　⑩ 在【实体】选项卡→"基本实体"功能区中，单击"圆柱体"命令 ，弹出【基本圆柱体】对话框，捕捉螺纹轴左侧圆心，输入半径 9.95、高度 -5，单击确定 ，完成圆柱体创建，如图 3-44 所示。

⑪ 关闭实体图层，在【线框】选项卡→"形状"功能区中，单击"矩形"下面的"多边形"命令⬡，打开多边形对话框，捕捉左边圆柱体圆心点，输入半径 15，单击确定✅，完成正六边形绘制，如图 3-45 所示。

⑫ 在【实体】选项卡→"创建"功能区中，单击"拉伸"命令🔩，弹出【实体拉伸】对话框。单击拾取拉伸正六边形，选择创建主体，输入距离 8，关闭"高级"选项中的壁厚，单击确定✅，完成六棱柱实体造型，生成厚 8mm 的螺栓头，如图 3-46 所示。

图 3-44　创建圆柱体　　　　　图 3-45　绘制正六边形　　　　　图 3-46　创建六棱柱

⑬ 在【实体】选项卡→"创建"功能区中，单击"布尔运算"命令🟦，弹出【布尔运算】对话框。单击选择主体螺纹圆柱，然后单击圆柱和六棱柱工具体，选择合并结合类型，单击确定✅，完成螺栓实体造型，如图 3-46 所示。

四、 知识拓展

旋转实体主要是针对回转体零件，只需要绘制截面的一半，然后绕中轴线旋转，就可以得到实体。图素必须是封闭的，不能有重复，若多余的图素截面与中轴线有距离，就会形成孔。

任务五　蜗杆体造型

一、任务导入

成形面类零件通常是由若干段直径不同的圆柱体和圆弧面组成的。本任务要求创建图 3-47 所示的蜗杆实体造型。蜗杆齿形参数：齿形是顶角为 40°的等腰梯形，模数 $m=4$，螺距 12.56mm，齿高 8.8mm，底宽 2.788mm。

二、任务分析

蜗杆实体造型，可利用 Mastercam 2025 软件中的直线、螺旋线、拉伸、扫描、布尔运算、平移等命令来完成。

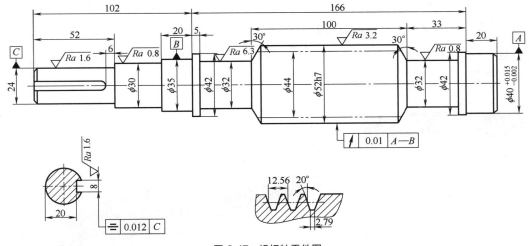

图 3-47　蜗杆轴零件图

三、任务实施

1. 圆柱体实体造型

① 在【实体】选项卡→"基本实体"功能区中，单击"圆柱"命令，弹出【基本圆柱体】对话框。单击拾取圆心点位置，输入半径 17.5、高度－20，单击确定，完成 ϕ35 圆柱实体模型创建，如图 3-48 所示。单击拾取 ϕ35 圆柱体左端面圆心点位置，输入半径 21、高度－5，单击确定，完成 ϕ42 圆柱实体模型创建，如图 3-49 所示。同理，完成 ϕ32 圆柱实体模型创建，如图 3-50 所示。

图 3-48　创建 ϕ35 圆柱体

图 3-49　创建 ϕ42 圆柱体

图 3-50　创建 ϕ32 圆柱体

② 在【实体】选项卡→"基本实体"功能区中，单击"圆柱"命令，弹出【基本圆柱体】对话框。单击拾取 ϕ32 圆柱体左端面圆心点位置，输入半径 26、高度－100，单击确定，完成 ϕ52 圆柱实体模型创建，如图 3-51 所示。同理，完成 ϕ52 圆柱体左侧其他圆柱体模型创建，如图 3-52 所示。最后运用"布尔运算"命令结合各段圆柱体成一个实体。

图 3-51　创建 ϕ52 圆柱体

图 3-52　创建圆柱体

③ 在【实体】选项卡→"修剪"功能区中，单击"单一距离倒角"下的距离与角度倒角命令  ，弹出【距离与角度倒角】对话框，如图 3-53 所示。单击拾取 $\phi52$ 圆柱体左端面，输入距离 10、角度 60，单击确定  ，完成 $\phi52$ 圆柱体倒角实体。同理，完成 $\phi52$ 圆柱体右侧倒角实体模型创建，如图 3-54 所示。

图 3-53　距离与角度倒角对话框

图 3-54　创建倒角实体

2. 键槽实体造型

① 单击右键选择前视图，在【线框】选项卡→"绘线"功能区中，单击【线端点】命令绘制一条长度 46 的直线段。

② 在"线框"选项卡→"形状"功能区中，单击"矩形"命令按钮 ▢ ，选择矩形命令，打开矩形对话框。【原点】选择矩形中心点，输入宽度 46、高度 8。单击线段中心，单击确定  ，完成矩形绘制，右边用"图素倒圆角"命令完成 $R4$ 圆角，如图 3-55 所示。

③ 在【实体】选项卡→"创建"功能区中，单击"拉伸实体"命令 ↑ ，弹出【实体拉伸】对话框，单击串拾取键槽轮廓图，输入距离 4，单击确定  ，完成键实体造型，如图 3-56 所示。

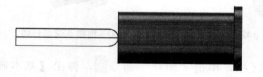

图 3-55　绘制键槽轮廓图

图 3-56　创建拉伸实体

④ 在"转换"选项卡→"位置"功能区中，单击"平移"命令 ↗ ，弹出【平移】对话框，如图 3-57 所示。首先，选择键实体，方式选择移动，输入 X 增量 46，Z 增量 8，单击确定  ，完成键平移，如图 3-58 所示。

⑤ 在【实体】选项卡→"创建"功能区中，单击"布尔运算"命令 ▢ ，弹出【布尔运算】对话框，如图 3-59 所示。单击拾取整体轴作为目标主体，然后选择键作为工具主体，类型选择移除，单击确定  ，完成键槽实体造型，如图 3-60 所示。

图 3-57　平移对话框

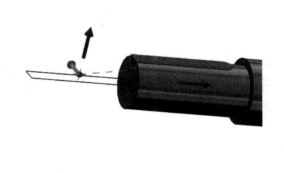

图 3-58　平移键实体

图 3-59　布尔运算对话框

图 3-60　创建键槽实体

3. 蜗杆齿形造型

① 单击右键，选择右视图，在【线框】选项卡→"形状"功能区中，单击"矩形"下面的"螺旋线"命令，打开"螺旋"对话框，如图 3-61 所示。单击拾取圆心基准点，输入半径 26、高度 125.12、间距 12.56、旋转角度 90，单击确定，完成螺旋线绘制，如图 3-62 所示。

② 在【转换】选项卡→"位置"功能区中，单击"平移"命令，弹出【平移】对话框，首先选择螺旋线，方式选择移动，输入 X 增量 -166，单击确定，完成螺旋线平移，如图 3-63 所示。

图 3-61 螺旋对话框

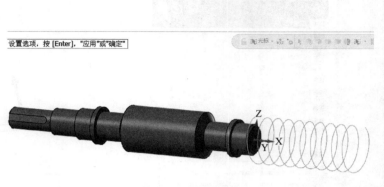

图 3-62 绘制螺旋线

图 3-63 移动螺旋线

③ 单击右键，选择前视图，在【线框】选项卡→"绘线"功能区中的"线端点"命令，绘制如图 3-64 所示的齿形轮廓图。齿底宽度 2.88，齿高 9.74，为便于造型，齿高应大于 8.8。

④ 在【转换】选项卡→"位置"功能区中，单击"平移"命令 $\square^{\nearrow}$，弹出【平移】对话框，首先选择齿形轮廓线，结束选择，然后单击向量始于/止于下面的重新选择，捕捉拾取齿形轮廓线中心点，移到螺旋线端点单击，单击确定 ✅，完成齿形轮廓线平移，如图 3-65 所示。

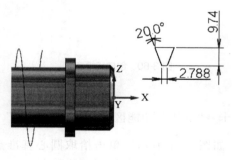

图 3-64 绘制齿形轮廓线

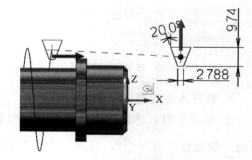

图 3-65 移动齿形轮廓线

⑤ 在【实体】选项卡→"创建"功能区中，单击"扫描"命令 🔧，弹出【扫描】对话框，如图 3-66 所示。单击拾取齿形扫描轮廓线，然后单击拾取螺旋引导串连线，选择切割主体类型，单击确定 ✅，完成齿形实体造型，如图 3-67 所示。螺杆实体造型如图 3-68 所示。

图 3-66　扫描对话框

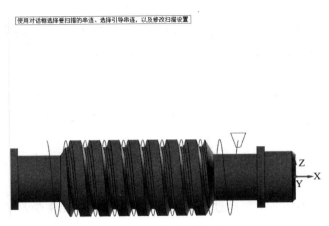

图 3-67　齿形实体造型

图 3-68　螺杆实体造型

四、知识拓展

　　蜗轮和蜗杆通常用于垂直交叉的两轴之间的传动。蜗轮和蜗杆的齿向是螺旋形的，蜗轮的轮齿顶面常制成环面。在蜗轮蜗杆传动中，蜗杆是主动件，蜗轮是从动件。蜗杆轴向剖面类似梯形螺纹的轴向剖面，有单头和多头之分。若为单头，则蜗杆转一圈蜗轮只转一个齿，因此可以得到较高速比。

　　蜗杆参数的计算公式：

$$模数 = m \qquad 螺距 = 3.14 \times m \qquad 导程 = 螺距 \times 头数$$

$$牙高 = 2.2 \times m \qquad 牙顶宽 = 0.843 \times m \qquad 牙底宽 = 0.697 \times m$$

任务六　双曲线回转体零件图绘制

一、任务导入

　　公式曲线就是数学表达式的曲线图形，即根据数学公式（或参数表达式）绘制出相应的数学曲线。本任务主要是绘制图 3-69 所示的双曲线回转体零件图。

二、任务分析

Mastercam 2025 软件提供函数插件来完成一些特定的曲线绘制，以满足某些精确型腔、轨迹线型的作图设计。用户只要交互输入数学公式，并给定参数，计算机便会自动绘制出该公式描述的曲线。绘制凹形双曲线曲面要用双曲线方程，双曲线参数方程如下：

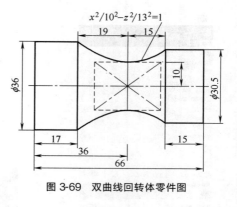

图 3-69 双曲线回转体零件图

$$X(t)=t, Y(t)=10\mathrm{sqrt}\left(1+\frac{t^2}{169}\right)$$

本任务主要通过绘制双曲线回转体零件图来学习函数插件、矩形等功能的用法。

三、任务实施

1. 绘制双曲线

① 在【主页】选项卡→"加载项"功能区中，单击"运行加载项"命令按钮 ⚙，弹出打开插件对话框，选择函数插件 fplot.dll，单击"打开［O］"，然后在弹出的函数程序对话框中检索 EQN 后缀文件，可以看到多个 EQN 文件，包含了曲面和曲线，我们拿 SINE. EQN 来进行更改，当然也可以自己新建，如图 3-70 所示，单击"打开［O］"，进入函数绘图功能工作界面，如图 3-71 所示。

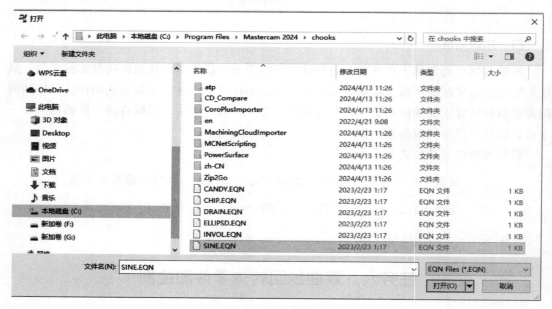

图 3-70 函数程序对话框

② 单击"编辑程序"，打开"编辑程序"对话框，如图 3-72 所示。在此可以编辑函数文本程序，其中，包含各项函数的计算参数与数值，默认采用记事本编辑器打开程序文本，当记事本编辑器未关闭时，无法进行其他操作。

图 3-71　函数绘图对话框

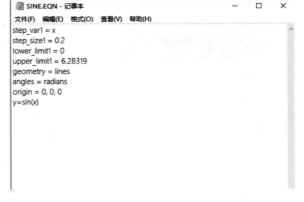

图 3-72　编辑程序对话框

③ 按照双曲线方程及尺寸大小修改程序，如图 3-73 所示。然后另存为 EQN 格式文本。

④ 在函数绘图对话框中，点击【线】，选择参数式曲线，点击【绘制】，软件根据参数定义画出双曲线，如图 3-74 所示。

图 3-73　程序编辑对话框

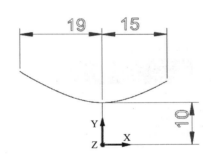

图 3-74　绘制双曲线

⑤ 在【转换】选项卡→"位置分析"功能区中，单击"平移"命令按钮，弹出【平移】对话框，如图 3-75 所示。输入 X 增量－30，选择平移对象双曲线，单击确定，完成双曲线平移，如图 3-76 所示。

2. 绘制矩形

① 在【线框】选项卡→"形状"功能区中，单击"矩形"命令按钮，选择圆角矩形命令，打开矩形对话框，如图 3-77 所示。【原点】选择右侧中点，输入宽度 15、高度 30.5。单击坐标中心原点，单击确定，完成矩形绘制，如图 3-78 所示。

② 同理，在【线框】选项卡→"形状"功能区中，单击"矩形"命令按钮，选择圆角矩形命令，打开矩形对话框，如图 3-79 所示。【原点】选择右侧中点，输入宽度 17、高度 36。单击双曲线左边中心线点，单击确定，完成矩形绘制，如图 3-80 所示。

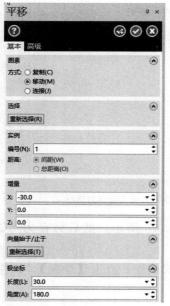

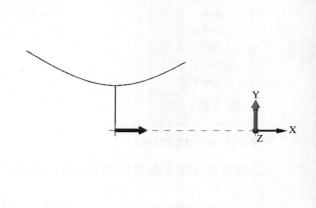

图 3-75　平移对话框

图 3-76　平移双曲线

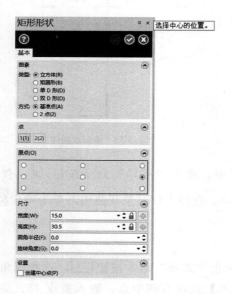

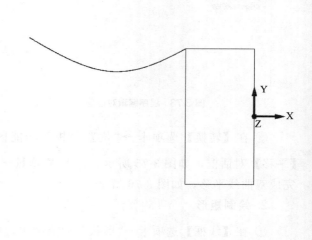

图 3-77　矩形对话框（3）

图 3-78　绘制矩形（8）

3. 镜像双曲线

在【转换】选项卡→"位置分析"功能区中，单击"镜像"命令按钮，弹出【镜像】对话框，如图 3-81 所示。X 轴作为镜像轴，选择复制方式，选择镜像对象双曲线，单击确定，完成双曲线镜像，如图 3-82 所示。

图 3-79　矩形对话框（4）

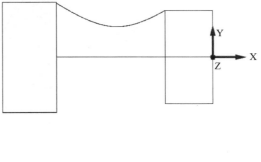

图 3-80　绘制矩形（9）

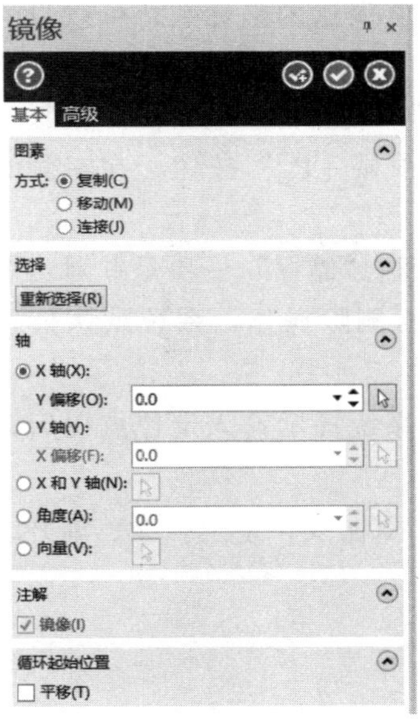

图 3-81　镜像对话框

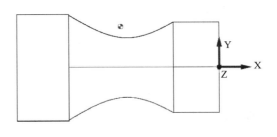

图 3-82　镜像双曲线

四、知识拓展

1. 公式曲线

根据数学公式或参数表达式快速绘制出相应的数学曲线。

公式的给出既可以是直角坐标形式，也可以是极坐标形式。公式曲线为用户提供一种更方便、更精确的作图手段，以适应某些精确型腔、轨迹线型的作图设计。用户只要交互输入数学公式，给定参数，计算机便会自动绘制出该公式描述的曲线。

① 单击"常用"功能区选项卡"绘图"功能区面板中的按钮 ，或者选择"绘

图"→"公式曲线"命令，或者在"绘图工具"工具栏上单击按钮 ⌐，系统将弹出图 3-83 所示的对话框。

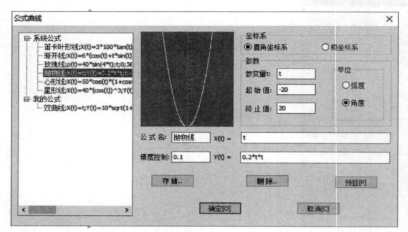

图 3-83 "公式曲线"对话框

② 在"公式曲线"对话框中，首先需要确定公式所表达的坐标系，可以设为"直角坐标系"或"极坐标系"。

③ 然后需要填写给定的参数："参变量""起始值""终止值"以及"单位"。

④ 在编辑框中输入公式名、公式及精度。单击"预显［P］"按钮，在左侧的预览框中可以看到设定的曲线。

⑤ 对话框中还有"储存.."(删除.."这 2 个按钮，"储存"一项是针对当前曲线而言的，保存当前曲线；"删除"是对已存在的曲线进行删除操作，系统默认公式不能被删除。

⑥ 设定完曲线后，单击"确定［O］"按钮，按照系统提示输入定位点以后，一条公式曲线就绘制出来了。

公式曲线可以绘制常见的曲线，如抛物线、椭圆、双曲线、正余弦线、渐开线、笛卡叶形线、玫瑰线、心形线及星形线等。

2. 双曲线

双曲线标准方程如表 3-2 所示。

表 3-2 双曲线标准方程

标准方程	$\dfrac{x^2}{a^2}-\dfrac{y^2}{b^2}=1(a>0,b>0)$	$\dfrac{y^2}{a^2}-\dfrac{x^2}{b^2}=1(a>0,b>0)$
图形		

性质	焦点	$F_1(-c,0),F_2(c,0)$	$F_1(0,-c),F_2(0,c)$
	焦距	$|F_1F_2|=2c(c=\sqrt{a^2+b^2})$	$|F_1F_2|=2c(c=\sqrt{a^2+b^2})$

顶点：A_1（$-a$，0），A_2（a，0），A_1A_2 叫作双曲线的实轴，长 $2a$；B_1（0，$-b$），B_2（0，b），B_1B_2 叫作双曲线的虚轴，长 $2b$。

① 经过化简后焦点在 X 轴上的双曲线参数方程如下：

$$X(t)=a\,\mathrm{sqrt}\left(1+\frac{t^2}{b^2}\right)$$

$$Y(t)=t$$

② 经过化简后焦点在 Y 轴上的双曲线参数方程如下：

$$X(t)=t$$

$$Y(t)=a\,\mathrm{sqrt}\left(1+\frac{t^2}{b^2}\right)$$

任务七　辊切刀从动轴实体造型

一、任务导入

Mastercam 2025 作为一款服务于行业及竞赛的老牌 CAM 软件，集强大的 CAD 线框、曲面、实体、网格造型功能与 CAM 车削、铣削、多轴、车铣复合、线切割策略于一身的 CAD/CAM 软件，在各比赛中凭借着优秀的客户体验感与流畅性，以及编程效率高、刀路优化智能、造型高效且简单等一系列特点，成为了行业及赛场中选手们所选择的主流软件，并且占据较大比例。

Mastercam 2025 强大的 CAD 功能为 CAM 的编程环节提供了可靠的基础支持，丰富的造型功能与策略为产品编程与加工提供了更多的可能性，而人性化的操作流程与简洁的软件风格助力操作者进一步地突破自我，挑战高峰。

本任务要求创建如图 3-84 所示的辊切刀从动轴实体造型。辊切刀从动轴直观图如图 3-85 所示。

二、任务分析

辊切刀从动轴属于四轴加工产品，包含基本的回转体、刃口特征、平面台类、曲面槽类等结构特征。可利用 Mastercam 2025 软件中的层别、绘线、实体旋转、缠绕、曲面加厚、布尔运算、拉伸、补正（偏移串连）、曲面举升、曲面转实体、举升、薄片加厚、修剪到曲线、线平移到面、拉伸切割等命令来完成。

三、任务实施

1. 中部缠绕体加厚实体造型

① 在【层别】管理器中，单击添加新层别命令➕，创建 2 号图层，将所绘制线框放

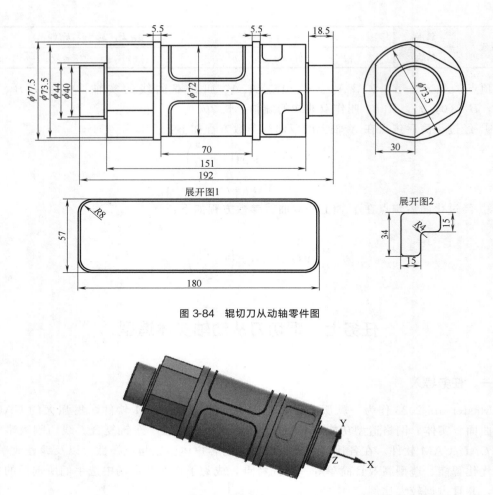

图 3-84　辊切刀从动轴零件图

图 3-85　辊切刀从动轴直观图

在此层内。

②　在【线框】选项卡→"绘线"功能区中，单击"线端点"命令 ✏，按照零件图尺寸绘制主体外形图，如图 3-86 所示。

③　在【层别】管理器中，单击 1 号层别。在【实体】选项卡→"创建"功能区中，单击"旋转"命令 🔩，弹出【旋转实体】对话框，串连拾取主体外形轮廓，单击拾取水平中线作为旋转轴，单击确定 ✅，完成主体实体模型创建，如图 3-87 所示。

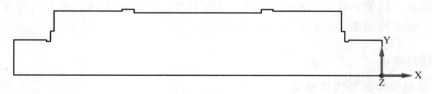

图 3-86　绘制主体外形图

图 3-87　旋转实体造型

④ 在【曲面】选项卡→"创建"功能区中，单击"由实体生成曲面"命令 ⬛，单击拾取主体模型中间部分表面，拾取结束后，单击确定 ✅，生成曲面，如图 3-88 所示。

⑤ 在【层别】管理器中，单击 2 号层别。在【线框】选项卡→"绘线"功能区中，单击"线端点"命令 ✏，按照零件图尺寸绘制缠绕轮廓图，如图 3-88 所示。

⑥ 在【转换】选项卡→"补正"功能区中，单击"串连补正"命令按钮 ↘，弹出【偏移串连】对话框，串连拾取缠绕轮廓图，偏移方向向外，选择复制方式，输入偏移 1，单击确定 ✅，完成轮廓图偏移，如图 3-89 所示。

⑦ 在【转换】选项卡→"位置"功能区中，单击"缠绕"命令 ⭕↔，弹出【缠绕】对话框，串连拾取缠绕轮廓图，选择移动方式，输入直径 71.5，单击确定 ✅，完成轮廓线缠绕，如图 3-89 所示。

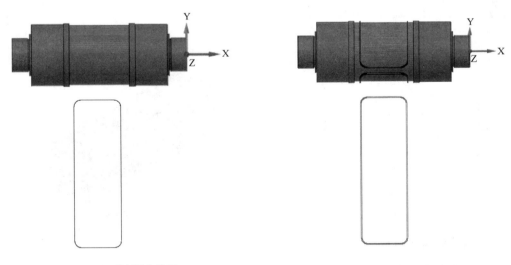

图 3-88　绘制缠绕线框　　　　　　　　图 3-89　缠绕线架造型

⑧ 在【层别】管理器中，单击 2 号层别。单击切换所有图层为"关闭"命令 📚，只显示缠绕后轮廓图，如图 3-90 所示。

⑨ 在【曲面】选项卡→"创建"功能区中，单击"举升"命令 ▦，弹出【直纹/举升曲面】对话框，串连拾取第一条缠绕轮廓图，串连拾取第二条缠绕轮廓图，单击确定 ✅，将缠绕曲线转为曲面体，如图 3-91 所示。

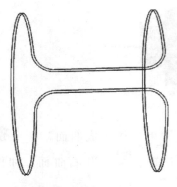

图 3-90 缠绕后轮廓图

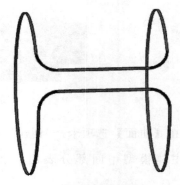

图 3-91 创建缠绕曲面体

⑩ 在【实体】选项卡→"创建"功能区中，单击"由曲面创建实体"命令，弹出【实体】对话框，单击拾取曲面体，单击确定，完成曲面创建实体。

⑪ 在【实体】选项卡→"修剪"功能区中，单击"薄片加厚"命令，弹出【薄片加厚】对话框，单击拾取曲面体，选择两者，双向加厚 2mm，单击确定，完成薄片加厚实体，如图 3-92 所示。

⑫ 在【实体】选项卡→"创建"功能区中，单击"布尔运算"命令，弹出【布尔运算】对话框。单击选择主体圆柱，然后单击拾取缠绕工具体，选择结合主体类型，单击确定，完成结合缠绕实体造型，如图 3-93 所示。

图 3-92 创建缠绕实体

图 3-93 结合缠绕实体

2. 右侧分割实体造型

① 在【层别】管理器中，单击"添加工新层别"命令，创建 3 号图层，将所绘制线框及曲面放在此层内。

② 在【线框】选项卡→"绘线"功能区中，单击"线端点"命令，按照零件图尺寸绘制缠绕轮廓图，如图 3-94 所示。

③ 在【曲面】选项卡→"创建"功能区中，单击"由实体生成曲面"命令，单击拾取主体模型中间部分表面，拾取结束后，单击确定，生成曲面，如图 3-94 所示。

④ 在【转换】选项卡→"位置"功能区中，单击"缠绕"命令，弹出【缠绕】

对话框，串连拾取缠绕轮廓图，选择移动方式，输入直径 73.5，单击确定 ，完成缠绕轮廓线，如图 3-94 所示。

⑤ 单击切换所有图层为"关闭"命令 ，只显示缠绕后轮廓图。

⑥ 在【曲面】选项卡→"修剪"功能区中，单击"修剪到曲线"命令 ，弹出打开"修剪到曲线"对话框，单击拾取实体曲面，串连拾取缠绕轮廓图，单击要保留的曲面，选择投影曲面到法向，单击确定 ，完成曲面修剪，如图 3-95 所示。

⑦ 单击右键切换右视图。在【转换】选项卡→"位置"功能区中，单击"旋转"命令 ，弹出【旋转】对话框，选择旋转曲面，选择复制方式，夹角 120°，单击确定 ，完成曲面复制，同理再复制一份，如图 3-96 所示。

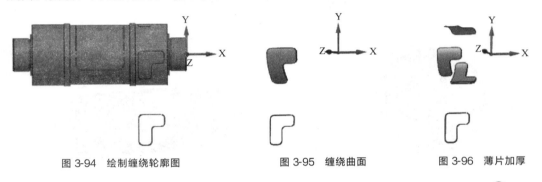

图 3-94　绘制缠绕轮廓图　　　　图 3-95　缠绕曲面　　　　图 3-96　薄片加厚

⑧ 在【实体】选项卡→"创建"功能区中，单击"由曲面创建实体"命令 ，弹出【实体】对话框，单击拾取曲面体，单击确定 ，完成曲面创建实体。

⑨ 在【实体】选项卡→"修剪"功能区中，单击"薄片加厚"命令 ，弹出【薄片加厚】对话框，单击拾取曲面体，选择方向 1，单向加厚 2mm，单击确定 ，完成薄片加厚实体，如图 3-96 所示。

⑩ 单击切换所有图层为"打开"命令 。在【实体】选项卡→"创建"功能区中，单击"布尔运算"命令 ，弹出【布尔运算】对话框。单击选择主体圆柱，然后单击拾取缠绕工具体，选择移除类型，单击确定 ，完成缠绕实体造型，如图 3-97 所示。

图 3-97　缠绕实体造型

3. 左侧拉伸切割造型

① 单击右键切换右视图。在【线框】选项卡→"绘线"功能区中，单击"线端点"命令 ，按照零件图尺寸绘制拉伸轮廓线，如图 3-98 所示。

② 在【转换】选项卡→"位置"功能区中，单击"旋转"命令 ，弹出【旋转】对话框，选择拉伸轮廓线，选择复制方式，夹角120°，单击确定 ，完成拉伸轮廓线复制，同理再复制一份，如图 3-98 所示。

③ 在【转换】选项卡→"位置"功能区中，单击"平移到面"命令 ，弹出【平移到面】对话框，首先选择拉伸轮廓线，结束选择，然后单击【目标（E）】，捕捉拾取主体轴左侧中心点，单击确定 ，完成拉伸轮廓线平移，如图 3-99 所示。

④ 在【实体】选项卡→"创建"功能区中，单击"拉伸"命令 ，弹出【实体拉伸】对话框，如图 3-100 所示。单击拾取拉伸轮廓线，选择切割主体，输入距离60，关闭"高级"选项中的"壁厚"，单击确定 ，完成拉伸切割实体造型，如图 3-101 所示。

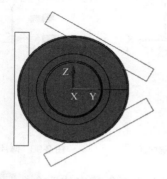

图 3-98　绘制拉伸图素

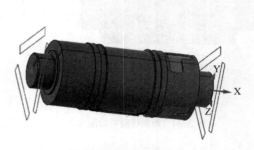

图 3-99　平移拉伸图素

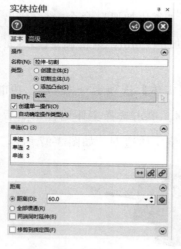

图 3-100　实体拉伸对话框

图 3-101　切割实体造型

四、知识拓展

实体拉伸是将二维的平面图沿着矢量方向拉伸为实体，图素必须是封闭的，不能有重复或者多余的图素。

　　旋转实体主要是针对回转体零件，只需绘制截面的一半，然后绕中轴线旋转，就可以得到实体。图素必须是封闭的，不能有重复，若多余的图素截面与中轴线有距离，就会形成孔。

项目小结

　　本项目主要学习 Mastercam 2025 数控车软件正弦曲线、双曲线、抛物线等非圆曲线的绘制，掌握数控车绘图及编辑功能，学会简单实体造型方法，通过不断练习，提高作图效率。在学习实践过程中，培育学生执着专注、精益求精、一丝不苟、追求卓越的工匠精神。

思考与练习

1. 绘制如图 3-102 所示零件的外圆轮廓线和毛坯轮廓线。

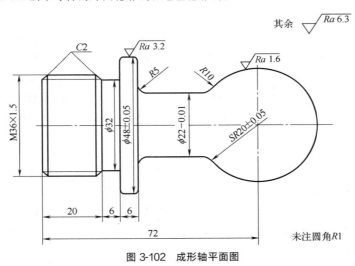

图 3-102　成形轴平面图

2. 如图 3-103 所示工件，毛坯为 $\phi25\text{mm}\times67\text{mm}$ 的 45 钢棒料，完成其平面绘制及实体造型。

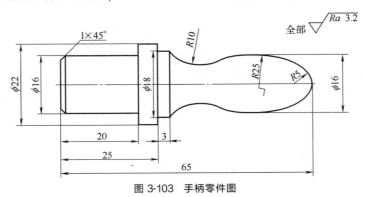

图 3-103　手柄零件图

Mastercam 2025 数控车自动编程与仿真

　　Mastercam 2025 车削加工是一套易学易用的编程软件，为用户提供快速编写车削刀具路径所需的功能，可以很轻松地进行粗加工、切槽、车螺纹、切断、镗孔、钻孔等操作，以及编写精加工程序。Mastercam 2025 先进的高效智能车削策略，可以更快速、更精确地进行零部件车削加工。本项目通过对 Mastercam 2025 软件编程基础知识工作任务的学习，引导读者快速掌握并熟练运用 Mastercam 2025 软件的车削编程与仿真操作方法。

✳ 育人目标 ✳

　　• 通过对轴类零件进行编程与仿真加工，培养学生实事求是、尊重自然规律的科学精神，培养学生不畏困难、精益求精的工匠精神，引导学生树立科技强国的责任感和使命感。
　　• 引导学生勇于思考、乐于探索，培养学生的社会责任感、创新精神和实践能力。
　　• 教育引导学生在学习时务必以求真的态度，规范操作，养成良好的职业素养和文明素养，培养综合实践能力。

✳ 技能目标 ✳

• 认识 Mastercam 2025 车削自动编程的基本步骤。
• 掌握 Mastercam 2025 的机床群组创建、毛坯创建功能和三维实体仿真功能。
• 掌握 Mastercam 2025 软件数控车粗加工及精加工方法。
• 掌握 Mastercam 2025 软件钻孔及动态粗加工方法。

任务一　Mastercam 2025 车削自动编程的基本步骤

一、任务导入

Mastercam 2025 车削自动编程的基本步骤：分析图纸→确定加工工艺→导入或绘制

图形→进入车削模块→创建毛坯、刀具→创建刀路轨迹→刀路轨迹仿真→后置处理程序→程序机床校验。本任务主要是通过如图 4-1 所示简单轴类零件的外轮廓粗加工编程过程，了解 Mastercam 2025 软件车削自动编程的基本步骤，掌握创建机床群组、毛坯及刀具、刀路轨迹生成、刀路轨迹模拟、后置处理程序的方法，为以后熟练操作本软件奠定基础。

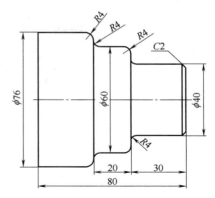

图 4-1　简单轴类零件图

二、任务分析

如图 4-1 所示为加工的零件图，在运用 Master-cam 软件对零件进行数控加工自动编程前，首先要对零件进行加工工艺分析，确定合理的加工顺序，在保证零件的表面粗糙度和加工精度的同时，要尽量减少换刀次数，提高加工效率，并充分考虑零件的形状、尺寸，以及零件刚度和变形等因素，做到先粗加工，后精加工；先加工主要表面，后加工次要表面；先加工基准面，后加工其他表面。

图 4-1 所示零件可以通过车削粗加工完成，所用刀具为 $R0.8$ 的外圆车刀，在这里只进行外轮廓粗加工。

三、任务实施

1. 创建模型

① 创建模型有三种方法，点击菜单栏中的线框或者实体来根据图纸进行建模，或者按住快捷键 Ctrl＋O 选择指定的文件快速打开，还可以直接拖入已经绘制好的 AutoCAD 模型，如图 4-2 所示。

② 由于零件图右端面中心不在坐标中心，所以要移动。在【转换】选项卡→"位置"功能区中，单击"移动到原点"命令，拾取零件图右端面中点 A，单击确定，将零件图移动到坐标原点，如图 4-3 所示。

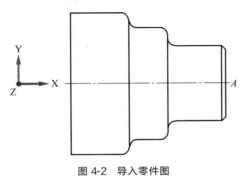

图 4-2　导入零件图

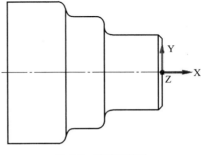

图 4-3　移动零件图

2. 创建机床群组

在【机床】选项卡→"车床类型"功能区中，单击"车床"命令，选择默认，单击确定，创建车床群组，如图 4-4 所示。

图 4-4 创建车床群组

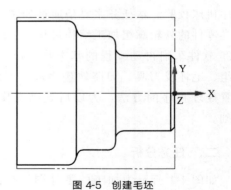

图 4-5 创建毛坯

3. 创建毛坯

单击"机床群组"中的 毛坯设置，打开"机床群组属性"对话框，在"毛坯设置"页面，选择左侧主轴，如图 4-6 所示。单击"参数"，打开"机床组件管理-毛坯"对话框，如图 4-7 所示。输入外径 80，长度 80，单击确定 退出，完成圆柱毛坯创建，如图 4-5 所示。

图 4-6 机床组件管理-毛坯对话框

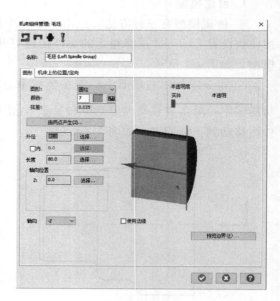

图 4-7 毛坯设置

4. 创建刀路轨迹

① 在【车削】选项卡→"标准"功能区中，单击"粗车"命令 ，打开"线框串连"对话框，如图 4-8 所示。选择部分串连，拾取加工切入线，拾取加工切出线，如图 4-9 所示。

单击确定，退出"线框串连"对话框，软件自动弹出"粗车"对话框，如图 4-10 所示。

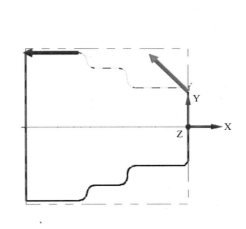

选择外部边界或选择退刀点或选择完成

图 4-8　线框串连对话框　　　　　图 4-9　拾取加工轮廓线

②在"刀具参数"页面，选择 $R0.8$ 的外圆车刀，设置进给速率 0.2 毫米/转，切入进给速率 0.1 毫米/转，如图 4-10 所示。

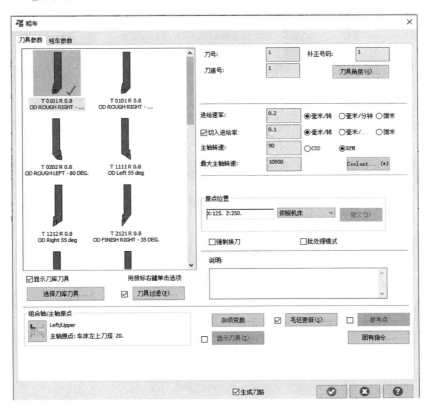

图 4-10　刀具参数设置（1）

③ 在"粗车参数"页面，选择重叠量，轴向分层切削：等距步进；切削深度：2；X 预留量：0.2；Z 预留量：0.2；进入延伸量：1；补正方向：右；切削方式：单向；毛坯识别：剩余毛坯，如图 4-11 所示。参数设置完成后，单击确定 ，退出"粗车"对话框，生成粗车刀路加工轨迹，如图 4-12 所示。

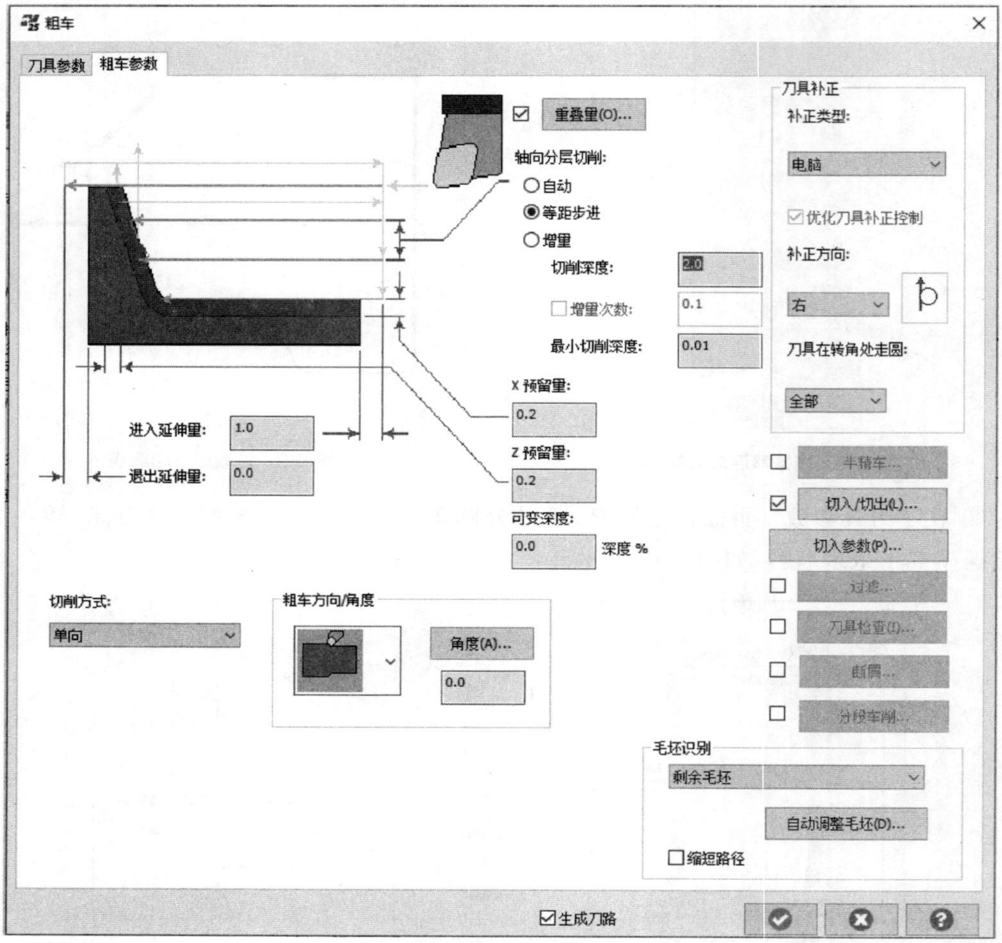

图 4-11　粗车参数设置（1）

5. 刀路轨迹模拟

单击"刀路操作管理器"中的刀路模拟命令，打开"刀路模拟"窗口，单击开始，进行粗车刀路加工轨迹模拟，如图 4-13 所示。

6. 生成加工程序

单击"刀路操作管理器"中的后处理命令 G1，打开"后处理程序"对话框，程序扩展名为 .NC，单击确定退出，弹出程序文件另存为对话框，输入文件名，单击保存，输出粗车加工程序，如图 4-14 所示。

7. 机床程序校验加工

后置处理生成的 NC 数控代码经适当修改后，如能符合所用数控设备的要求，就可以

图 4-12　粗车刀路加工轨迹　　　　　　　　图 4-13　粗车刀路加工轨迹模拟

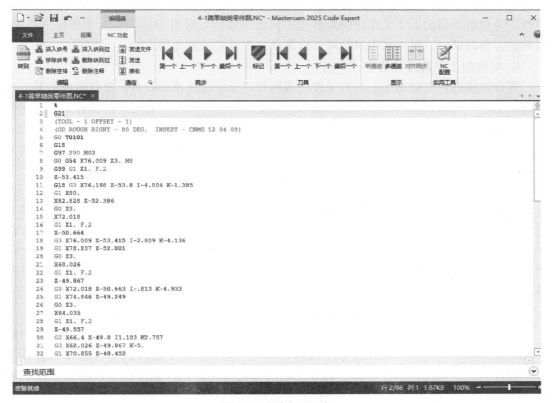

图 4-14　粗车加工程序

传输到数控车床设备进行数控校验加工使用。

四、知识拓展

Mastercam 2025 车削自动编程的基本流程如下：

1. 零件加工工艺分析

在运用 Mastercam 软件对零件进行数控加工自动编程前，首先要对零件进行加工工艺分析，确定合理的加工顺序，在保证零件的表面粗糙度和加工精度的同时，要尽量减少换刀次数，提高加工效率，并充分考虑零件的形状、尺寸，以及零件刚度和变形等因素，做到先粗加工，后精加工；先加工主要表面，后加工次要表面；先加工基准面，后加工其他表面。

2. 零件的几何建模

建立零件的几何模型是实现数控加工的基础，Mastercam 四大模块中的任何一个模块都具有进行二维或三维的设计功能，具有较强（CAD）的绘图功能。可以运用 Design 模块建模，也可以根据加工要求使用 Mill 模块、Lathe 模块和 Wire 模块直接建模，同时由于软件系统内设置了许多数据转换挡，可以将各种类型的图形文件如 AutoCAD、CAD-KEY、Mi-CAD 等软件上的图形转换至 Mastercam 系统上使用。

在进行零件的建模时，无须画出整个零件的模型来，只需画出其加工部分的轮廓线即可，加工尺寸、形位公差及配合公差可以不标出，这样既节省建模时间，又能满足数控加工的需要；建模时，应根据零件的实际尺寸来绘制，以保证计算生成的刀具路径坐标的正确性，并可将不同的加工工序分别绘制于不同的图层内，利用 Mastercam 中图层的功能，在确定刀具路径时，加以调用或隐藏，以选择加工需要的轮廓线。

3. 零件加工刀具路径确定

零件建模后，根据加工工艺的安排，选用相应工序所使用的刀具，根据零件的要求选择加工毛坯，同时正确选择工件坐标原点，建立工件坐标系，确定工件坐标系与机床坐标系的相对尺寸，并进行各种工艺参数设定，从而得到零件加工的刀具路径。Mastercam 系统可生成相应的刀具路径程序数据文件 NC，它包含所有设置好的刀具运动轨迹和加工信息。

4. 零件的模拟数控加工

设置好刀具加工路径后，利用 Mastercam 系统提供的零件加工模拟功能，能够观察切削加工的过程，可用来检测工艺参数的设置是否合理，零件在数控实际加工中是否存在干涉，设备的运行动作是否正确，实际零件是否符合设计要求。同时，在数控模拟加工中，系统会给出有关加工过程的报告，这样可以在实际生产中省去试切的过程，可降低材料消耗，提高生产效率。

5. 生成数控指令代码及程序传输

通过计算机模拟数控加工，确认符合实际加工要求时，就可以利用 Mastercam 的后置处理程序来生成 NC 文件数控程序代码，Mastercam 系统本身提供了百余种后置处理 PST 程序。对于不同的数控设备，其数控系统可能不尽相同，选用的后置处理程序也就有所不同。对于具体的数控设备，应选用对应的后置处理程序，后置处理生成的 NC 数控程序代码经适当修改后，如能符合所用数控设备的要求，就可以输出到数控设备进行数控加工使用。

任务二　数控车床机床选择及后处理升级

一、任务导入

机床群组设置功能，使从毛坯到模拟的工作设置更容易、更有条理。它整合了机床群组属性对话框的所有传统特性和功能，以及新特性，并在一个简洁直观的功能面板中显示出来。工作设置的每一个关键组件在这个新界面里都随时可用。在这个界面中，用户可以定义毛坯、材料特性、夹具、刀具和模拟设置，甚至可以设置工件夹具装配体。零件组件可以直接导入机床群组设置并准确定位。机床群组设置还引入了主模型的概念，这是一种毛坯识别功能，可以更好地完成复杂零件的编程和模拟。本任务主要介绍数控车床坐标系的选择、数控车床机床选择及后处理升级方法。

二、任务分析

在【机床】选项卡→"车床类型"功能区中，单击"车床"命令![icon]，选择管理列表，打开自定义机床菜单管理对话框，点击管理列表，可以看到许多不同的机床，如哈斯车床、凯恩帝车床、发那科车床等，4X 代表四轴机床，2X 代表两轴机床，2-AXIS 代表两轴，C-AXIS 代表带有 C 轴的车床，C-Y-AXIS 代表带有 C 轴和 Y 轴的车床。所以选择不同的机床就要选择相对应的后处理，保证程序输出的正确性。

三、任务实施

1. 数控车床坐标系的选择

常用坐标有"＋XZ""－XZ""＋DZ""－DZ"。车床坐标系中的 X 方向坐标值有两种表示方法：半径值和直径值。当采用字母 X 时表示输入的数值为半径值；采用字母 D 时表示输入的数值为直径值。采用不同的坐标表示方法时，其输入的数值也应不同，采用直径表示方法的坐标输入值应为半径表示方法的 2 倍。

① 点击左下角操作管理器窗口里边的平面选项，刀路窗口切换至平面窗口，从平面窗口可见，平面坐标系全部默认为俯视图。

② 单击平面操作管理器窗口上面的车削平面![icon]，从列表中选择＋D＋Z，将后边的 G、WCS、C、T 等选项全部点上，如图 4-15 所示，可见之前的 X 轴与 Y 轴坐标系已变为＋D 轴与 Z 轴（＋D 轴意思为直径，也代表这是 X 轴）。

零件图窗口左下角和中间点可见也有 D 轴与 Z 轴坐标系显示，如图 4-16 所示，因为点击了平面窗口的＋D＋Z 选项，所以显示出来，在车床状态下编程，程序代码会按照车床程序格式导出。

图 4-15　车削平面选择

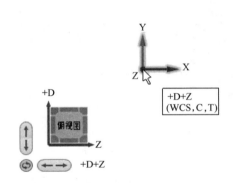

图 4-16　数控车坐标显示

2. 数控车床机床选择

① 选择菜单栏的机床选项，可以看到有多种机床类型选择。

在【机床】选项卡→"车床类型"功能区中，单击"车床"命令 ，选择管理列表，打开自定义机床菜单管理对话框，如图 4-17 所示，选择发那科两轴车床 LATHE 2-AXIS SLANT BED MM. mcam-lmd 机床文件，单击添加（A），单击确定 ，完成机床选择。

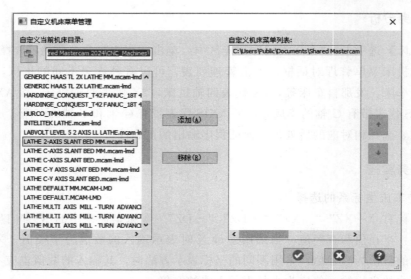

图 4-17　自定义机床菜单管理对话框

车床默认的是一台双主轴并且带有 C 轴、Y 轴和 B 轴的机床，在一般情况下，是使用不到的，所以一般不建议使用默认机床，点击管理列表，选择车床类型，MM 代表米制，没有 MM 代表英制，发那科车床中 2-AXIS 代表两轴，C-AXIS 代表带有 C 轴的车床，C-Y AXIS 代表带有 C 轴和 Y 轴的车床。

② 再次返回机床类型选项，点击车床，就显示默认机床与增加的机床，如图 4-18 所示。选择增加的 LATHE 2-AXIS SLANT BED MM. MCAM-LMD 机床即可，在刀路操作管理器中将创建车床群组，如图 4-19 所示。

图 4-18　机床选择

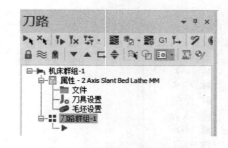

图 4-19　刀路操作管理对话框

③ 点击属性，再单击文件，将弹出"机床群组属性"对话框，可以编辑机床定义、刀具设置和毛坯设置等，如图 4-20 所示。

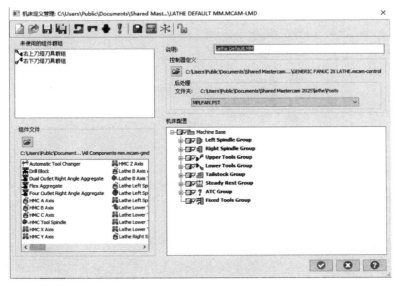

图 4-20 机床群组属性对话框

④ 在【机床】选项卡→"工作设定"功能区中，单击"机床定义"命令 ，打开"机床定义管理"对话框，如图 4-21 所示。单击"控制器定义"命令 ，打开"控制器定义"对话框，如图 4-22 所示。

图 4-21 机床定义管理对话框

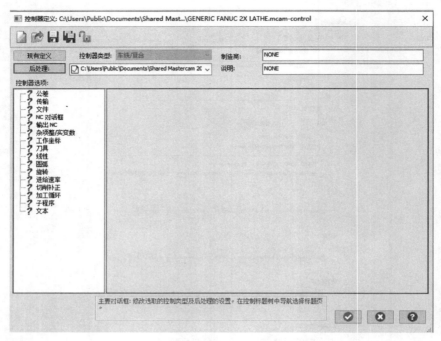

图 4-22　控制器定义对话框

⑤ 单击"控制器定义"对话框的"后处理"，在"控制定义自定义后处理编辑列表"对话框中，单击"添加文件"，选择 Fanuc 车床循环后处理 .pst，如图 4-23 所示，单击"打开"，返回"控制定义自定义后处理编辑列表"对话框，再次选择 Fanuc 车床循环后处理 .pst，单击确定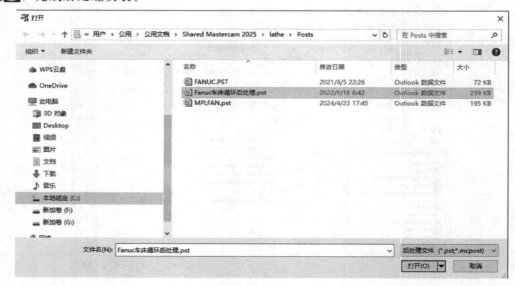，返回"控制器定义"对话框，单击保存，将当前产品类型和后处理选择保存到控制定义文件，单击确定，返回"机床定义管理"对话框，单击确定，完成后处理安装。

图 4-23　后处理文件选择

四、知识拓展

后处理文件可以理解为一个转换装置，它的作用就是将软件内我们做好的 NCI 刀路转换为 NC 代码输出，因为机床都是识别 NC 程序的，需要进行这样的转换，当然每个系统的机床对于程序的格式要求也是不一样的，所以才有如华中、Fanuc、哈斯、西门子、海德汉等后处理文件。在进行后处理输出时需要检查自己所用的后处理输出的程序是否适合目前自己使用机床的要求。

1. 复制机床文件及后处理文件

复制后处理文件到 C：\Users\Public\Documents\Shared MasterCAM 2025\lathe\Posts 文件夹，复制控制器和机床文件到 C：\Users\Public\Documents\Shared Master-CAM 2025\CNC_MACHINES 文件夹。

2. Mastercam 2025 机床文件及后处理的升级迁移

Mastercam 2025 装好之后，可能会发现在机床管理里面只有两个默认的机床文件。需要对机床文件及后处理的升级迁移。

① 在软件的左上角单击文件菜单，单击"转换"执行命令 ，在弹出的"迁移向导"对话框中选择"高级"，点击浏览找到自己电脑上 Mastercam 2025 的后处理与机床文件的位置，点击浏览找到自己新建的 Mastercam 2025 的机床文件位置，注意包括子文件夹要勾选上，如图 4-24 所示。然后点击下一步，继续下一步，然后点击完成等待运行。

② 运行完毕之后，在【机床】选项卡→"车床类型"功能区中，单击"车床"命令 ，选择管理列表，打开自定义机床菜单管理对话框，如图 4-25 所示，就可以看到很多机床文件。

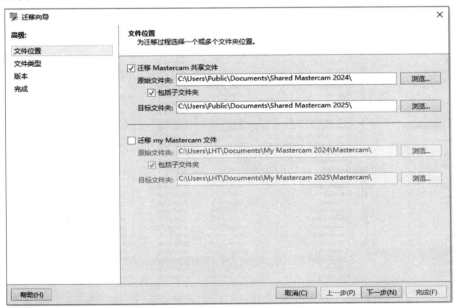

图 4-24　迁移向导对话框

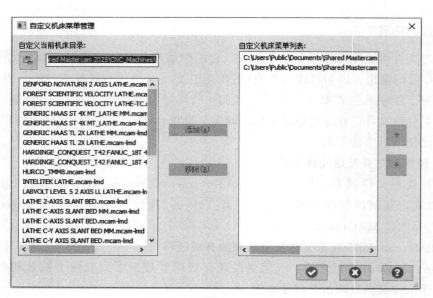

图 4-25　机床菜单管理对话框

3. Mastercam 2025 后处理升级步骤

以前版本的后处理直接复制或者迁移进去是不能直接使用的，可以利用软件自带的升级插件给后处理文件升级。

① 在【主页】选项卡→"加载项"功能区中，单击"运行加载项"命令 ，会弹出文件夹窗口，或者按快捷键 Alt＋C 将插件文件夹打开，鼠标选中 UpdatePost 命令文件，然后单击打开（如果点击加载运行项没有弹出此文件位置，那可以通过手动找到安装路径文件夹，找到此文件），如图 4-26 所示。

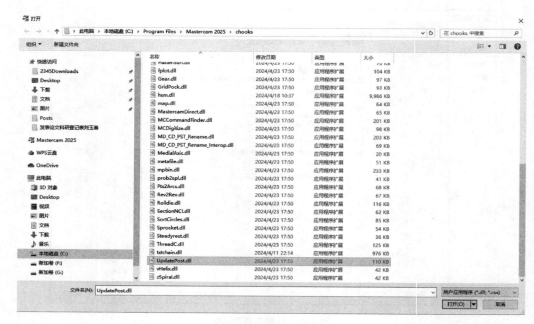

图 4-26　选择升级插件

② 在"更新后处理工具"对话框中点击右上角图标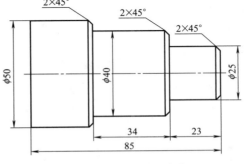，找到要升级的后处理，可以取消勾选设置升级后的文件保存路径，点击✅确定，如图 4-27 所示，将自动完成后处理升级。

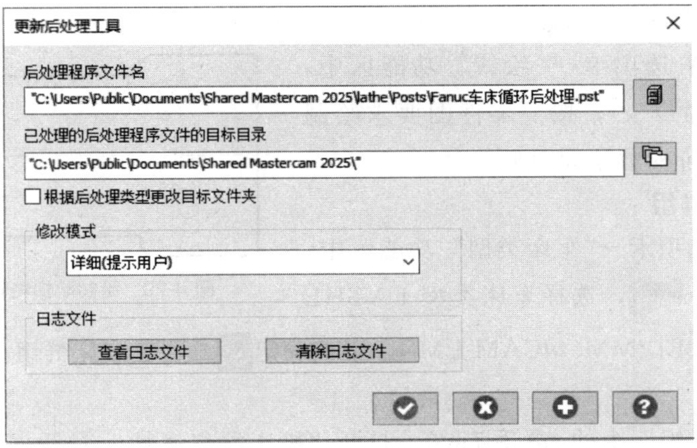

图 4-27 更新后处理工具

③ 完成刀路轨迹后，单击"刀路管理器"中的**G1**命令，执行选择后处理，一般是默认不能切换后处理的，可以通过按键盘上的 Ctrl＋Shift＋Alt＋P 激活选择后处理，激活后就能选择自己升级后的后处理文件了。

任务三 阶梯轴外圆面粗加工

一、任务导入

Mastercam 2025 软件提供的粗车功能主要用于加工零件的外圆面、内圆面、阶梯轴及端面等，并可预留的精加工余量，为后续的精加工做准备，其背吃刀量和进给量较大，切削速度相对略低。该功能的进给路线与 Z 轴平行，一层一层地车削。本任务主要以图 4-28 所示的阶梯轴为例，来介绍阶梯轴外圆面的粗加工方法。

二、任务分析

粗车时要优先选用较大的切深，其次根据机床刀具的实际情况适当加大进给量，最后选用中等偏低的切削速度。粗车和精车（或半精车）的加工余量一般为 0.5～2mm，加大切深对精车来说并不重要。

图 4-28 阶梯轴零件图（1）

三、任务实施

1. 创建模型

① 单击平面操作管理器窗口上面的车削平面 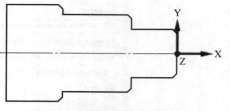，从列表中选择＋D＋Z，将后边的 G、WCS、C、T 等选项全部选上，进入车削平面作图环境。

② 在【线框】选项卡→"绘线"功能区中，单击"线端点"命令 ∕，按照零件图要求绘制如图 4-29 所示的阶梯轴轮廓图形。

图 4-29　绘制阶梯轴轮廓图形（1）

2. 创建机床群组

在【机床】选项卡→"车床类型"功能区中，单击"车床"命令 ，选择车床类型 LATHE 2-AXIS SLANT BED MM. MCAM-LMD，单击确定 ，创建车床群组。

3. 创建毛坯

单击"机床群组"中的 毛坯设置，打开"机床群组属性"对话框，在"毛坯设置"页面，选择左侧主轴，单击"参数"，打开"机床组件管理-毛坯"对话框，如图 4-30 所示。单击"由两点产生"，捕捉右侧坐标中心，再捕捉阶梯轴左侧 A 点，若留有余量，可以输入毛坯外径 55、长度 85，可以精确设置毛坯的大小，单击确定 退出，完成圆柱毛坯创建，如图 4-31 所示。

4. 创建外圆面粗加工刀路轨迹

① 在【车削】选项卡→"标准"功能区中，单击"粗车"命令 ，打开"线框串连"对话框，选择部分串连，拾取加工切入线，拾取加工切出线，如图 4-32 所示。单击确定 ，退出"线框串连"对话框，软件自动弹出"粗车"对话框，设置刀具参数和粗车参数。

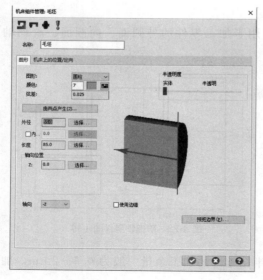

图 4-30　毛坯设置

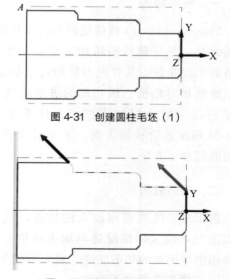

图 4-31　创建圆柱毛坯（1）

图 4-32　拾取加工切入切出线

② 在"刀具参数"页面，选择 80°、$R0.8$ 的外圆车刀，设置进给速率 0.2 毫米/转，切入进给速率 0.1 毫米/转。其余参数可根据自己需求进行修改；修改无误后，切换至粗车参数窗口。

③ 在"粗车参数"页面，选择重叠量，轴向分层切削：等距步进；切削深度：1.5；X 预留量：0.2；Z 预留量：0.1；进入延伸量：1；补正方向：右；切削方式：单向；毛坯识别：剩余毛坯。粗车参数设定完毕后，单击确定 ⊘，退出"粗车"对话框，生成刀路加工轨迹，如图 4-33 所示。

5. 刀路轨迹模拟

单击"刀路操作管理器"中的刀路模拟命令 ≋，打开"刀路模拟"窗口，单击开始 ▶，进行粗车刀路加工轨迹模拟，如图 4-34 所示。

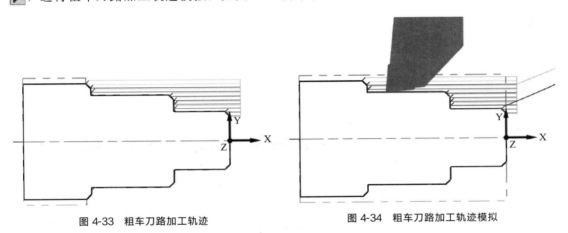

图 4-33　粗车刀路加工轨迹　　　　　　　　图 4-34　粗车刀路加工轨迹模拟

6. 生成加工程序

单击"刀路操作管理器"中的后处理命令 G1，打开"后处理程序"对话框，程序扩展名为 .NC，单击确定 ⊘ 退出，弹出程序文件另存为对话框，输入文件名，单击保存，输出粗车加工程序，如图 4-35 所示。

四、知识拓展

粗车参数解释：粗车参数设置如图 4-36 所示。

轴向分层切削（加工模式）：

① 自动：电脑按照软件计算自动生成。

② 等距步进：按照设定参数横向加工。

③ 增量：增加刀路，减少鳞刺。

切削深度：背吃刀量（每次进刀的加工量）。

增量次数：配合增量使用。

最小切削深度：加工时最低限度的背吃刀量。

X 预留量：X 方向的余量。

Z 预留量：Z 方向的余量。

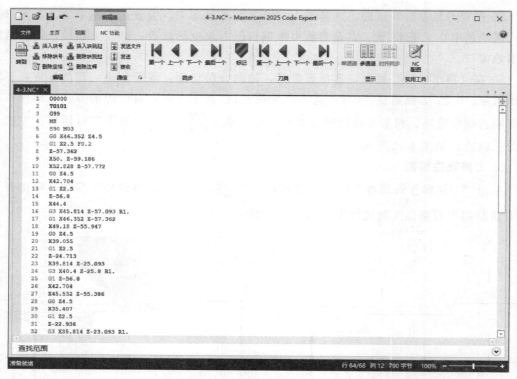

图 4-35　粗车加工程序

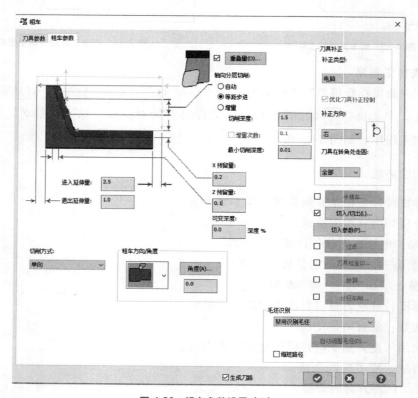

图 4-36　粗车参数设置（2）

可变深度：可改变预留量值的余量。

进入延伸量：加工时，刀具快速接近毛坯时预留的安全位置。

退出延伸量：加工完成时，能加长退刀距离，让刀具慢速安全地退出加工区域。

刀具补正类型：有电脑、控制器、磨损、反向磨损、关几种方式，一般使用电脑进行补偿或者使用机床刀补进行补偿。

补正方向：使用电脑补偿时选取，根据刀具的方向进行选取（左刀补或右刀补）。

刀具在转角处走圆角：根据实际加工要求设置。

半精车：半精加工（根据实际情况选择）。

切入/切出：进刀时，避免刀具直接碰撞零件，退刀时，同样避免刀具直接碰撞零件，这在加工中至关重要。

任务四　阶梯轴端面车削加工

一、任务导入

车削端面是一种加工操作，用于加工与旋转轴垂直的工件端部。在车削过程中，车刀沿着工件的半径移动，通过去除材料的薄层，产生期望的零件长度和光滑的表面。本任务主要以图 4-37 所示的阶梯轴为例，来介绍阶梯轴端面车削加工方法。

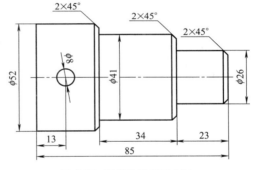

图 4-37　阶梯轴零件图（2）

二、任务分析

端面车削是指主切削刃对工件的端面进行切削加工。偏刀车端面，当背吃刀量较大时，容易扎刀。背吃刀量 a_p 的选择：粗车时 $a_p = 0.5 \sim 3mm$，精车时 $a_p = 0.05 \sim 0.2mm$。

三、任务实施

1. 创建模型及机床群组

① 在【线框】选项卡→"绘线"功能区中，单击"线端点"命令 ✐，按照零件图要求绘制如图 4-38 所示的阶梯轴轮廓图形。

② 在【机床】选项卡→"车床类型"功能区中，单击"车床"命令 🖰，选择车床类型 LATHE 2-AXIS SLANT BED MM.MCAM-LMD，单击确定 ✅，创建车床群组。

2. 创建毛坯

单击"机床群组"中的 🖚 毛坯设置，打开"机床群组属性"对话框，在"毛坯设置"页面，选择左侧主轴，单击"参数"，打开"机床组件管理-毛坯"对话框，可以输入毛坯外径 55、长度 87，轴向位置 Z 中输入 2，单击确定 ✅ 退出，完成圆柱毛坯创建，如图 4-39 所示。

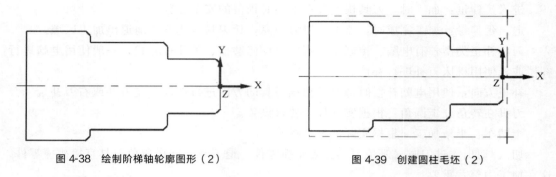

图 4-38　绘制阶梯轴轮廓图形（2）　　　　　　　图 4-39　创建圆柱毛坯（2）

3. 创建车端面刀路轨迹

① 在【车削】选项卡→"标准"功能区中，单击"车端面"命令 ⊔，打开"车端面"对话框，在"刀具参数"页面，选择 $R0.8$，80°外圆车刀，设置进给速率等参数，主轴转速选择 RPM 恒转速，CSS 为恒限速，如图 4-40 所示。

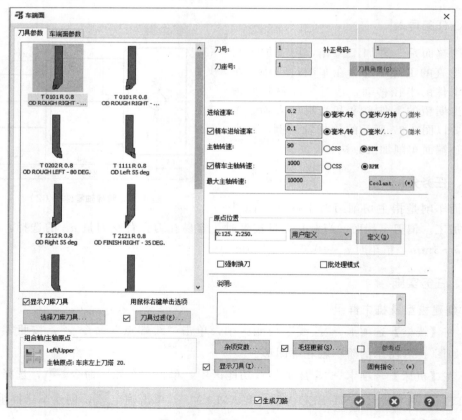

图 4-40　车端面刀具参数设置

② 在"车端面"页面，设置进刀量 2，粗车步进量 1，精车步进量 0.25，重叠量 0.1，退刀延伸量 2，如图 4-41 所示。参数设置完成后，单击确定 ⊘，退出"车端面"对话框，生成端面车削加工轨迹，如图 4-42 所示。

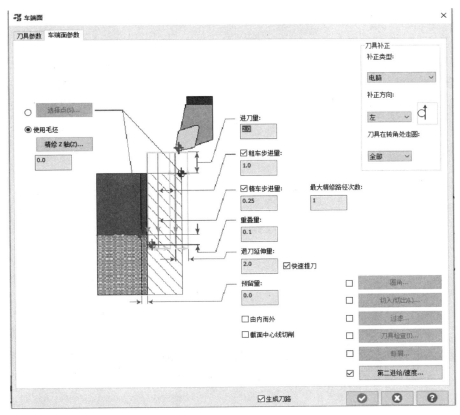

图 4-41　车端面参数设置

4. 刀路轨迹模拟

单击"刀路操作管理器"中的刀路模拟命令 ，打开"刀路模拟"窗口，单击开始 ，进行端面车削加工轨迹模拟，如图 4-43 所示。

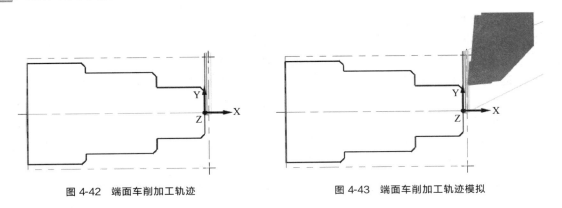

图 4-42　端面车削加工轨迹　　　　　　　图 4-43　端面车削加工轨迹模拟

5. 生成加工程序

单击"刀路操作管理器"中的后处理命令 G1，打开"后处理程序"对话框，程序扩展名为 .NC，单击确定 退出，弹出程序文件另存为对话框，输入文件名，单击保存，输出车端面加工程序，如图 4-44 所示。

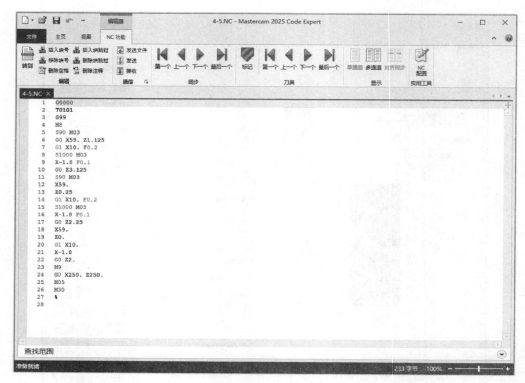

图 4-44　车端面加工程序

四、知识拓展

车端面参数解释：

进刀延伸量：加工时逼近零件的安全距离，假如延伸量为 0，那么刀具逼近零件时，就直接进到零件的毛坯表面（相当于直接碰到毛坯表面，G00 快速移动的状态下），所以一定要设置进刀延伸量，避免撞机。

粗车步进量：粗加工背吃刀量（每次加工进刀量）。

精车步进量：精加工背吃刀量（加工剩余余量）。

重叠量：刀路延长，根据延伸量数值再增加，避免未加工到位。

退刀延伸量：退刀时，以 G01 方式往外退设定的数值，避免直接 G00 快速移动发生不必要的碰撞。

预留量：精加工的余量。

刀具补正类型：有电脑、控制器、磨损、反向磨损、关几种方式，一般使用电脑进行补偿或者关（使用机床刀补补偿）。

补正方向：使用电脑补偿时选取，根据刀具的方向进行选取左刀补或者右刀补。

刀具在转角处走圆角：根据实际加工要求设置。

圆角：在车端面进刀时，以圆角的方式进刀。

切入/切出：避免加工时刀具直接碰撞零件，根据使用情况，铣床上使用得多，避免精加工时产生接刀痕。

过滤：对公差或圆弧参数有特殊要求时进行设置。

任务五　阶梯轴外圆面精加工

一、任务导入

精车的作用是要保证零件的尺寸精度和表面粗糙度等达到技术要求，精加工的尺寸精度可达 IT9～IT7，表面粗糙度数值达 $Ra1.6～0.8\mu m$。本任务是完成如图 4-45 所示零件的外轮廓精加工。

二、任务分析

精车时，保证表面粗糙度要求的主要措施是采用较小的主偏角、副偏角或刀尖磨有小圆弧，这些措施都会减少残留面积，可使 Ra 数值减少；选用较大的前角，并用油石把车刀的前刀面和后刀面打磨得光一些，亦可使 Ra 数值减少；合理选择切削用量，当选用高的切削速度、较小的切深以及较小的进给量，都有利于残留面积减小，从而提高表面质量。

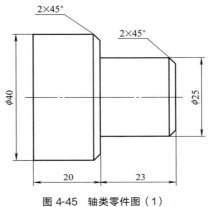

图 4-45　轴类零件图（1）

三、任务实施

1. 创建模型

① 单击平面操作管理器窗口上面的车削平面，从列表中选择＋D＋Z，将后边的 G、WCS、C、T 等选项全部选上，进入车削平面作图环境，在【机床】选项卡→"车床类型"功能区中，单击"车床"命令，创建车床群组。

② 在【线框】选项卡→"绘线"功能区中，单击"线端点"命令，按照零件图要求绘制如图 4-46 所示的轴类零件轮廓图形。

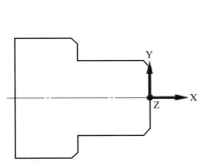

图 4-46　绘制轴类零件轮廓图形（1）

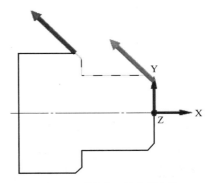

图 4-47　拾取加工切入切出线

2. 创建外圆面精加工刀路

① 在【车削】选项卡→"标准"功能区中，单击"精车"命令 ，打开"线框串连"对话框，选择部分串连，拾取加工切入线，拾取加工切出线，如图 4-47 所示。单击确定 ，退出"线框串连"对话框，软件自动弹出"精车"对话框，设置刀具参数和精车参数。

② 在"刀具参数"页面，选择 55°圆角半径 $R0.4$ 的外圆车刀，设置进给速率 0.2 毫米/转，主轴转速 500。换刀点位置可选择用户定义，如图 4-48 所示。修改无误后，切换至精车参数窗口。

③ 在"精车参数"页面，设置精车步进量 2.0；X 预留量：0.0；Z 预留量：0.0；精车次数 1；刀具在转角处走圆：无。如图 4-49 所示。

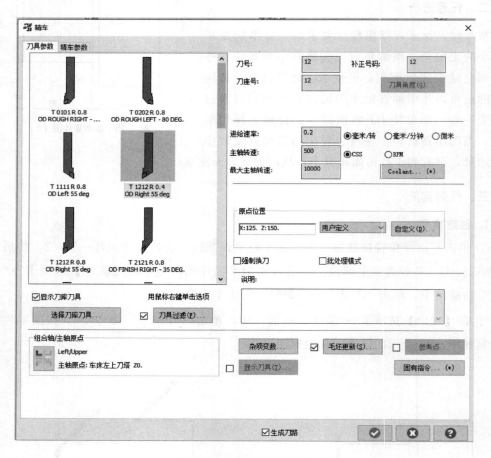

图 4-48　精车刀具参数设置

④ 单击"切入/切出"，打开"进/退刀设置"对话框，在"进刀"页面，进入向量选择相切，如图 4-50 所示。在"退刀"页面，退刀向量选择相切，如图 4-51 所示，进/退刀设置参数设置完成后，单击确定 ，退出"进/退刀设置"对话框。精车参数设定完毕后，单击确定 ，退出"精车"对话框，生成精加工刀路轨迹，如图 4-52 所示。

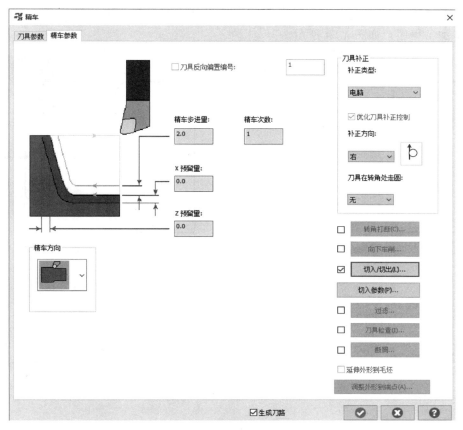

图 4-49　精车参数设置

图 4-50　进刀参数设置

图 4-51　退刀参数设置

3. 刀路轨迹模拟

单击"刀路操作管理器"中的刀路模拟命令 ≋ ，打开"刀路模拟"窗口，单击开始 ▶ ，进行精车刀路加工轨迹模拟，如图 4-53 所示。

4. 生成加工程序

单击"刀路操作管理器"中的后处理命令 G1，打开"后处理程序"对话框，程序扩

展名为 .NC，单击确定⊘退出，弹出程序文件另存为对话框，输入文件名，单击保存，输出精车加工程序，如图 4-54 所示。

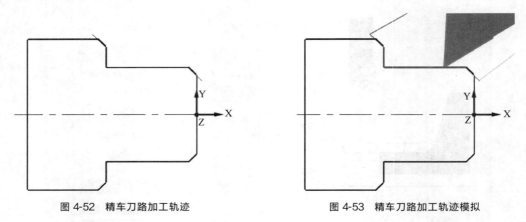

图 4-52 精车刀路加工轨迹   图 4-53 精车刀路加工轨迹模拟

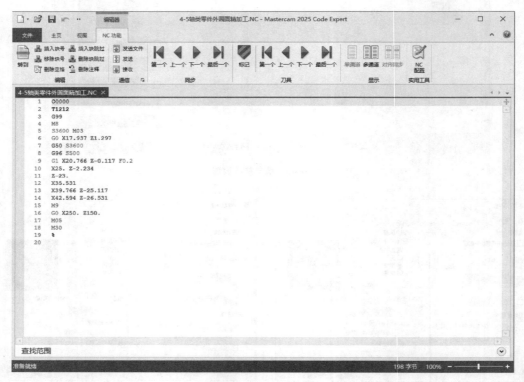

图 4-54 精车加工程序

四、知识拓展

精车参数设置解释如下：

转角打断：将外形的尖角加工为圆角或倒角。可以设置圆角或倒角值。

向下车削加工方式分为五种：

① 替换：端面与外圆分两次加工。

② 仅壁边：只加工壁边。

③ 仅平面：只加工外圆。

④ 壁边及平面：先壁边后平面。

⑤ 平面及壁边：先平面后壁边。

过滤：对公差或圆弧参数有特殊要求时进行设置。

检查刀具：检查刀具位置、路径的次数、切削的长度和切削时间。

延伸外形到毛坯：与粗车命令里的毛坯识别一个意思。

任务六　外圆面切槽加工

一、任务导入

切槽加工用于在工件上创建狭窄的切口，即"槽口"。切口的大小取决于刀具的宽度。如果大一些的槽需要多次车削才可以完成。本任务是对图 4-55 所示轴类零件中的退刀槽进行切槽加工。

二、任务分析

系统提供的切槽模块，主要用于切槽加工。它既可以切削径向的槽，又可以切削轴向的槽。切槽所使用的切槽刀两侧都有切削刃。在切径向的槽时，刀具在垂直于轴线的方向进槽。当切削到槽底时将沿轴线方向进行切削修光，最后沿垂直于轴线的方向退刀。

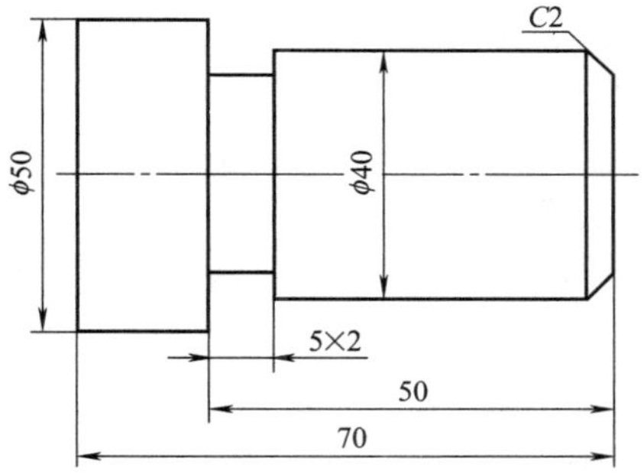

图 4-55　轴类零件图（2）

三、任务实施

1. 创建模型

① 单击平面操作管理器窗口上面的车削平面 ![图标]，从列表中选择＋D＋Z，将后边的 G、WCS、C、T 等选项全部选上，进入车削平面作图环境，在【机床】选项卡→"车床类型"功能区中，单击"车床"命令 ![图标]，创建车床群组。

② 在【线框】选项卡→"绘线"功能区中，单击"线端点"命令 ![图标]，按照零件图要求绘制如图 4-56 所示的轴类零件轮廓图形。

2. 创建毛坯

单击"机床群组"中的 ![图标] 毛坯设置，打开"机床群组属性"对话框，在"毛坯设置"页面，选择左侧主轴，单击"参数"，打开"机床组件管理-毛坯"对话框，可以输入毛坯外径 52、长度 70，轴向位置 0，单击确定 ![图标]退出，完成圆柱毛坯创建，如图 4-57 所示。

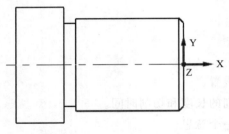

图 4-56 绘制轴类零件轮廓图形（2）

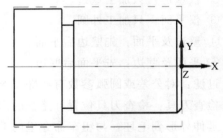

图 4-57 创建圆柱毛坯（3）

3. 创建切槽加工刀路

① 在【车削】选项卡→"标准"功能区中，单击"沟槽"命令 ▥，打开"线框串连"对话框，选择部分串连，拾取加工切入线，拾取加工切出线，单击确定 ✓，退出"线框串连"对话框，软件自动弹出"沟槽粗车"对话框，设置刀具参数和沟槽粗车参数。

② 在"刀具参数"页面，双击圆角半径 $R0.1$，$W4$ 的切槽车刀，打开"定义刀具"对话框，在"刀片"页面，设置 A：2.2，D：3.0，如图 4-58 所示，在"参数"页面，选择补正方式，设置相关参数，如图 4-59 所示。

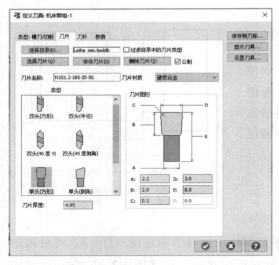

图 4-58 定义刀具刀片参数设置（1）

图 4-59 定义刀具参数设置（1）

③ 在"沟槽形状参数"页面，选择"使用毛坯外边界"，沟槽角度 90°，延伸沟槽到毛坯选择"与沟槽角度平行"，如图 4-60 所示。

④ 在"沟槽粗车参数"页面，切削方向选择"负向"，毛坯安全间隙：2.0，X 预留量：0.2，Z 预留量 0.2，轴向分层切削设置为"每次切深"2，如图 4-61 所示。

⑤ 在"沟槽精车参数"页面，设置精车次数：1，精车步进量：1.0，X 预留量：0.0；Z 预留量：0.0，电脑补正，刀具在转角处走圆选择"无"，如图 4-62 所示。

⑥ 沟槽粗车参数设定完毕后，单击确定 ✓，退出"沟槽粗车"对话框，生成切槽加工刀路轨迹，如图 4-63 所示。

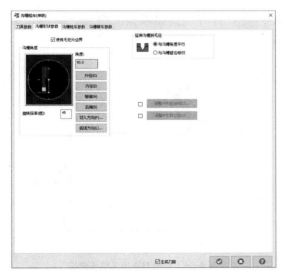

图 4-60　沟槽形状参数设置

图 4-61　沟槽粗车参数设置

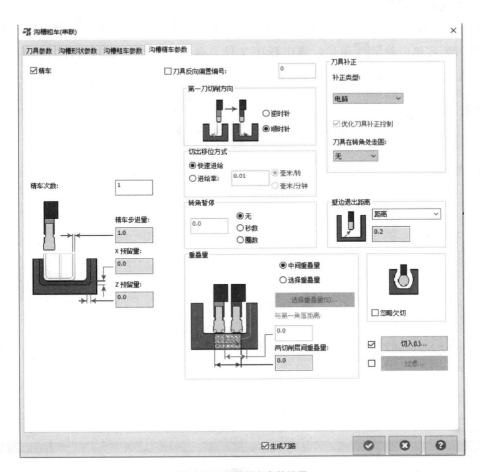

图 4-62　沟槽精车参数设置

4. 刀路轨迹模拟

单击"刀路操作管理器"中的刀路模拟命令 ，打开"刀路模拟"窗口，单击开始 ，进行切槽刀路加工轨迹模拟，如图 4-64 所示。

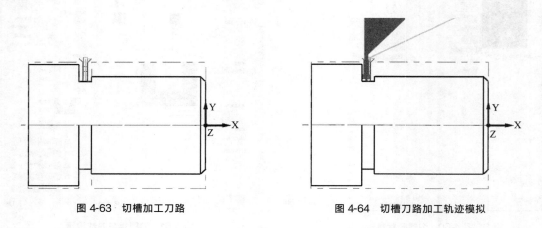

图 4-63　切槽加工刀路　　　　　　　图 4-64　切槽刀路加工轨迹模拟

5. 生成加工程序

单击"刀路操作管理器"中的后处理命令 G1，打开"后处理程序"对话框，程序扩展名为 .NC，单击确定 退出，弹出程序文件另存为对话框，输入文件名，单击保存，输出切槽加工程序，如图 4-65 所示。

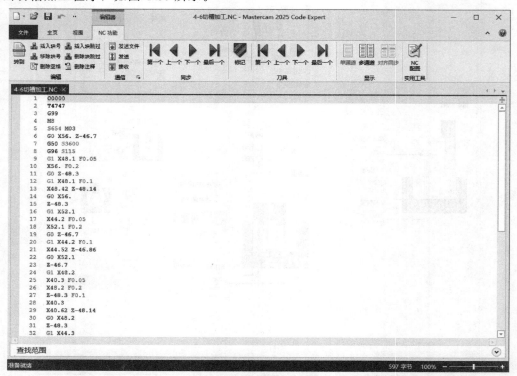

图 4-65　切槽加工程序

四、知识拓展

1. 沟槽粗车参数解释

切削方向分四种方式：

① 正向：正方向循环加工。

② 负向：负方向循环加工。

③ 双向：中间左右交替加工。

④ 串连方向：根据选取轮廓的方向，依次左右分层交替加工。

毛坯安全间隙：接近零件时的安全距离。

粗切量：Z 轴方向移动量。

退出距离：每次加工完安全退刀的移动量。

X 预留量：X 方向精加工余量。

Z 预留量：Z 方向精加工余量。

切出移动方式：每加工完一次退刀的方式。

首次切入进给速率：首次进刀的进给速率。

暂停时间：每加工完一次停留的时间（无特殊情况，一般不建议使用）。

槽壁：影响表面（根据需求选择步进与平滑）。

啄车参数：与铣床啄钻功能一样，同一方向加工到尽头。

深度切削：设置每次加工的深度或加工次数，切削时的方向选择，退刀的坐标选择（优先选择绝对坐标）。

2. 沟槽精车参数解释

精车次数：精加工的次数。

精车步进量：精加工的进刀量（背吃刀量）。

X 预留量：X 方向的余量。

Z 预留量：Z 方向的余量。

第一刀切削方向：选择加工的方向。

切出移位方式：加工完后的退刀方式。

重叠量：去除切入切出时的刀痕（根据实际需求选择使用）。

壁边退出距离：加工完壁边退刀时的安全距离。

切入：选择进刀方式，避免加工时刀具直接碰撞零件。

任务七　圆柱外螺纹加工

一、任务导入

螺纹加工是刀具沿工件侧面移动，切削外表面的螺纹。螺纹是具有指定长度和螺距的均匀螺旋槽。较深的螺纹需要刀具的多次通过。Mastercam 2025 提供的车螺纹功能可用于加工内、外螺纹和螺旋槽。本任务以车削图 4-66 所示零件中的 M40×2 螺纹为例，介绍车螺纹的相关参数及设置方法。

二、任务分析

这是一个螺距等于 2mm 的普通三角形螺纹，数控车床由于是高精度加工设备，在计算螺纹相关数据时区别于普通车床，计算参数为 1.107（并非普通车床中的 1.3 或 1.299），即牙深的计算公式为：$h=$（螺距×1.107）$/2=1.107$mm，设定切入延长量为 5mm，切出延长量为 2mm。

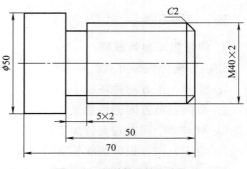

图 4-66　螺纹轴零件尺寸图

大多数经济型数控车床推荐车削螺纹时主轴转速 n 为：$n \leqslant (1200/P) - K$ 式中，P 为螺纹的螺距或导程，K 为保险系数，一般取 80。因此本例中 n 取 520r/min。

三、任务实施

1. 创建模型

① 单击平面操作管理器窗口上面的车削平面![图标]，从列表中选择＋D＋Z，将后边的 G、WCS、C、T 等选项全部选上，进入车削平面作图环境，在【机床】选项卡→"车床类型"功能区中，单击"车床"命令![图标]，创建车床群组。

② 在【线框】选项卡→"绘线"功能区中，单击"线端点"命令![图标]，按照零件图要求绘制如图 4-67 所示的轴类零件轮廓图形。

2. 创建毛坯

单击"机床群组"中的![图标]**毛坯设置**，打开"机床群组属性"对话框，在"毛坯设置"页面，选择左侧主轴，单击"参数"，打开"机床组件管理-毛坯"对话框，可以输入毛坯外径 52、长度 70，轴向位置 0，单击确定![图标]退出，完成圆柱毛坯创建，如图 4-68 所示。

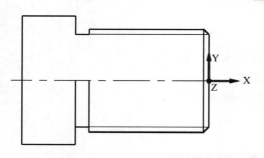

图 4-67　绘制螺纹轴零件轮廓图形

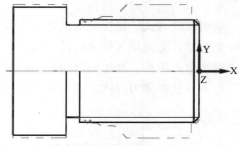

图 4-68　创建圆柱毛坯（4）

3. 创建螺纹加工刀路

① 在【车削】选项卡→"标准"功能区中，单击"车螺纹"命令![图标]，打开"车螺纹"对话框，选择螺纹车刀，设置刀具参数、螺纹外形参数和螺纹切削参数。

② 在"刀具参数"页面，双击圆角半径 $R0.108$ 外螺纹车刀，打开"定义刀具"对话框，在"刀片"页面，在刀片图形中设置螺距 2.0，如图 4-69 所示，在"参数"页面，设

置刀号 3，主轴转速 520，设置相关参数，如图 4-70 所示。

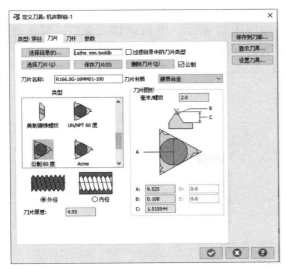

图 4-69　定义刀具刀片参数设置（2）

图 4-70　定义刀具参数设置（2）

③ 在"螺纹外形参数"页面，设置导程 2.0，牙型角度 60.0，单击"运用公式计算"，输入导程 2.0，螺纹大径 40.0，自动计算出小径和螺纹牙深。结束位置－45，如图 4-71 所示。

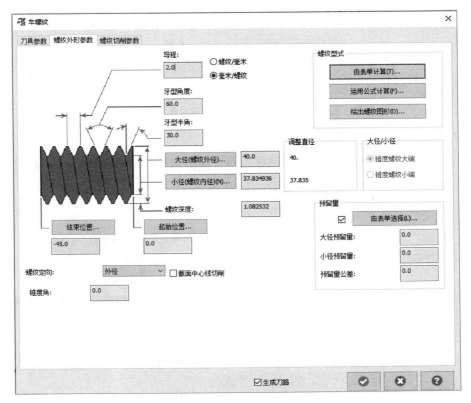

图 4-71　螺纹外形参数设置

④ 在"螺纹切削参数"页面，选择 NC 代码格式为螺纹车削（G32），切削深度方式：相等切削量；首次切削量：0.25；最后一刀切削量：0.05；毛坯安全间隙：6.0；退刀量：2.0；切入加速间隙：5.0；切入角度：29.0，如图 4-72 所示。参数设置完成后，单击确定 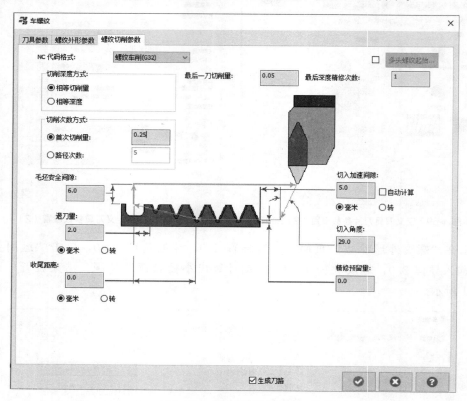，退出"车螺纹"对话框，生成螺纹加工刀路轨迹，如图 4-73 所示。

图 4-72　螺纹切削参数设置

4. 刀路轨迹模拟

单击"刀路操作管理器"中的刀路模拟命令 ，打开"刀路模拟"窗口，单击开始 ，进行螺纹加工刀路轨迹模拟，如图 4-74 所示。

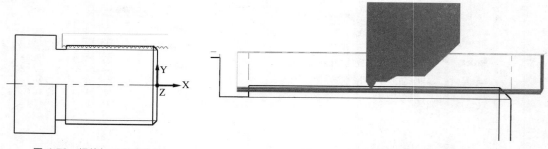

图 4-73　螺纹加工刀路轨迹　　　　图 4-74　螺纹加工刀路轨迹模拟

5. 生成加工程序

单击"刀路操作管理器"中的后处理命令 G1，打开"后处理程序"对话框，程序扩

展名为 .NC，单击确定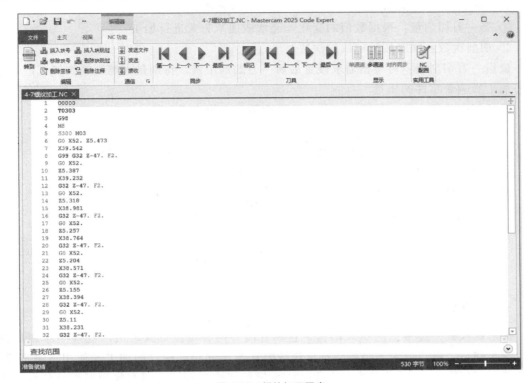退出，弹出程序文件另存为对话框，输入文件名，单击保存，输出螺纹加工程序，如图 4-75 所示。

图 4-75　螺纹加工程序

四、知识拓展

1. 螺纹外形参数解释

导程：螺距（螺纹/毫米：代表每毫米走的螺纹距离，毫米/螺纹：代表螺距）。

牙型角度：螺纹的角度（一般默认 60°，梯形螺纹或其他类型螺纹可根据使用需要更改角度）。

牙型半角：两相邻牙之间的夹角，它的一半就是螺纹牙型半角（牙型半角默认 30°）。

大径（螺纹外径）：最大的直径。

小径（螺纹内径）：最小的底径。

螺纹深度：大径－小径的值的一半。

起始位置：进刀前的安全距离。

结束位置：通过延长螺纹长度，避免螺纹长度加工不到位影响配合使用（可省略）。

螺纹方向：加工的类型范围（分别是：外型螺纹、内径螺纹、端面/背面螺纹）

锥度角：锥度螺纹的角度。

2. 螺纹切削参数解释

NC 代码格式：螺纹选用 G 代码加工方式，包括 G32、G92、G76、G32 交替式四种。

切削深度方式：

① 相等切削量：平均的加工深度。

② 相等深度：递减方式加工深度。

切削次数方式：

① 第一刀切削量：根据数值的变化，递增或递减方式进行加工。

② 切削次数：固定加工螺纹的次数。

最后一刀切削量：可根据需求设置最后一刀的加工量，特别是大螺距螺纹加工，最后一刀加工影响着零件的质量。

最后深度精修次数：最后一刀加工走的次数（多为去毛刺）。

毛坯安全间隙：每加工完一次螺纹退刀时的安全高度值。

退出延伸量：通过延长螺纹长度，避免螺纹长度加工不到位影响配合使用。

切入角度：螺纹进刀角度。

精修预留量：螺纹的预留量。

任务八　梯形螺纹加工

一、任务导入

梯形螺纹是一种常见的螺纹结构，它具有内外两种螺纹形式，被广泛应用于机械制造、汽车制造、航空航天等领域。梯形螺纹的基本尺寸对于螺纹的加工和使用至关重要。本任务以车削图 4-76 所示零件中的 Tr40×6 梯形螺纹为例，介绍车削梯形螺纹的相关参数及设置方法。

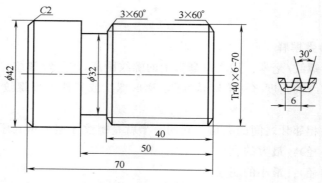

图 4-76　梯形螺纹轴零件尺寸图

二、任务分析

梯形螺纹 Tr40×6 参数及计算：

牙型角：30°，螺纹大径＝40，螺距＝6，牙顶间隙 a_c＝0.5

牙高（螺纹深度）＝0.5×螺距＋a_c＝0.5×6＋0.5＝3.5

小径＝大径－2×牙高＝40－2×3.5＝33

牙顶宽＝0.366（系数）×螺距＝2.196，牙顶部槽宽度＝3.804

牙底宽＝0.366（系数）×螺距－0.536（系数）×a_c＝0.366×6－0.536×0.5＝1.928

三、任务实施

1. 创建模型

① 单击平面操作管理器窗口上面的车削平面，从列表中选择＋D＋Z，将后边的 G、WCS、C、T 等选项全部选上，进入车削平面作图环境，在【机床】选项卡→"车床 类型"功能区中，单击"车床"命令将创建车床群组。

② 在【线框】选项卡→"绘线"功能区中，单击"线端点"命令，按照零件图要 求绘制如图 4-77 所示的轴类零件轮廓图形。

2. 创建毛坯

单击"机床群组"中的 毛坯设置，打开"机床群组属性"对话框，在"毛坯设 置"页面，选择左侧主轴，单击"参数"，打开"机床组件管理-毛坯"对话框，可以输 入毛坯外径 52、长度 70，轴向位置 0，单击确定 退出，完成圆柱毛坯创建，如 图 4-78 所示。

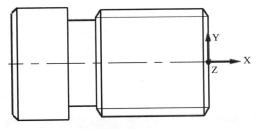

图 4-77　绘制螺纹轴零件轮廓图形

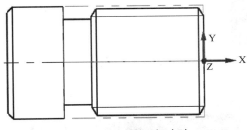

图 4-78　创建圆柱毛坯（5）

3. 创建螺纹加工刀路

① 在【车削】选项卡→"标准"功能区中，单击"自定义螺纹"命令，打开"自 定义螺纹"对话框，设置刀具参数、设置螺纹形状参数、设置相切移动控制参数、设置基 本移动控制参数。

② 在"刀具"页面，选择 T 0404 R0.1 的车刀，如图 4-79 所示。单击编辑刀具，
打开"定义刀具"对话框，在"刀片"页面，设置 D：1.4，D 值必须小于牙底宽，如 图 4-80 所示，在"参数"页面，设置刀号 4，主轴转速 120，设置相关参数。

③ 在"形状"参数设置页面，形状类型选择"参数式"，螺纹定向选择"外螺纹"，
形状样式选择"梯形螺纹"，输入大径 40、间距 6、顶部半径 0.1、底部半径 0.1、螺纹深 度 3.5、顶部宽度 3.804、底宽度 1.928，如图 4-81 所示。

④ 在"相切移动控制"参数设置页面，选择"启用"，进给率：6，主轴转速：150，
刀具宽度的百分比：50，切削深度：0.2，切削方向选择"负向"，如图 4-82 所示。

⑤ 在"基本移动控制"参数设置页面，进刀加速间隙设为 3.0，退刀延伸量 2.0，螺 纹起始位置 0.0，螺纹结束位置－45.0，如图 4-83 所示。参数设置完成后，单击确定，
退出"自定义螺纹"对话框，生成梯形螺纹加工刀路轨迹，如图 4-84 所示。

图 4-79　刀具选择

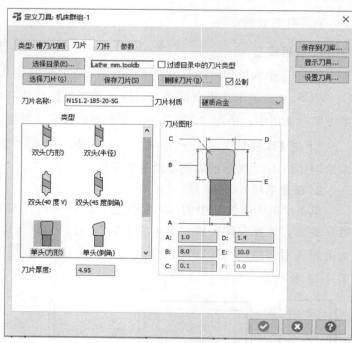

图 4-80　定义刀具刀片参数设置（3）

图 4-81　螺纹形状参数设置

图 4-82　相切移动控制参数设置

图 4-83　基本移动控制参数设置

4. 刀路轨迹模拟

单击"刀路操作管理器"中的实体仿真命令 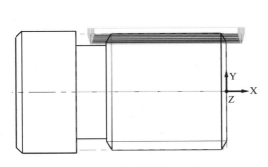，打开"实体仿真"刀路模拟窗口，单击开始 ▶，进行梯形螺纹加工刀路轨迹模拟，如图 4-85 所示。

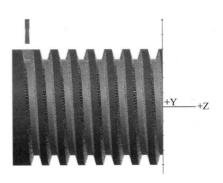

图 4-84 梯形螺纹加工刀路　　　　　　　图 4-85　梯形螺纹加工刀路轨迹模拟

5. 生成加工程序

单击"刀路操作管理器"中的后处理命令 G1，打开"后处理程序"对话框，程序扩展名为 .NC，单击确定 ✅ 退出，弹出程序文件另存为对话框，输入文件名，单击保存，输出梯形螺纹加工程序，如图 4-86 所示。

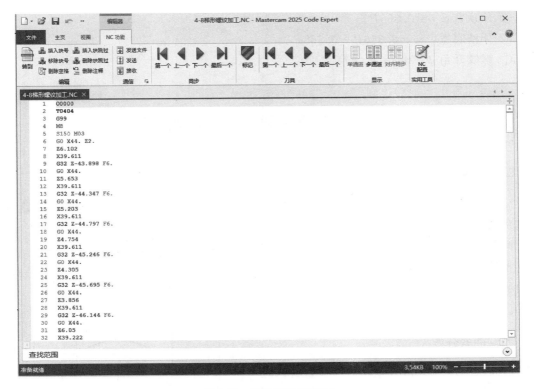

图 4-86　梯形螺纹加工程序

四、知识拓展

梯形螺纹是螺纹的一种，牙型角：公制为 30°，英制为 29°。我国标准规定 30°梯形螺纹代号用"Tr"及公称直径×螺距表示，左旋螺纹须在尺寸规格之后加注"LH"，右旋则不须注出。例如 Tr36×6；Tr44×8LH 等。

各基本尺寸名称、代号及计算公式如下：

牙型角：$\alpha = 30°$。

螺距 P：由螺纹标准确定。

牙顶间隙 a_c：$P = 1.5 \sim 5$ $a_c = 0.25$；$P = 6 \sim 12$ $a_c = 0.5$；$P = 14 \sim 44$ $a_c = 1$。

外螺纹：

① 大径：d 公称直径。

② 中径：$d_2 = d - 0.5P$。

③ 小径：$d_3 = d - 2h_3$。

④ 牙高：$h_3 = 0.5P + a_c$。

内螺纹：

① 大径：$D_4 = d + 2a_c$。

② 中径：$D_2 = d_2$。

③ 小径：$D_1 = d - P$。

④ 牙高：$H_4 = h_3$。

⑤ 牙顶宽：$f = 0.366P$。

⑥ 牙槽底宽：$w = 0.366P - 0.563a_c$。

⑦ 螺纹升角 ψ：$\mathrm{tg}\psi = P/\pi d_2$。

任务九　双曲线圆弧槽动态粗加工

一、任务导入

MasterCAM 的"动态粗车"是利用圆形刀片实现不间断往复车削，断屑效果显著，刀具负载比较稳定，提高了刀具寿命，缩短了加工时间，非常适用于耐热合金等难加工材料。本任务主要是利用 MasterCAM 动态粗加工功能完成图 4-87 所示的双曲线圆弧槽粗加工。

二、任务分析

双曲线圆弧可以利用函数插件参数公式进行自动绘制。动态粗车刀路中，刀路的圆滑拐角可以免除预倒角的需要和减少沟槽磨损。

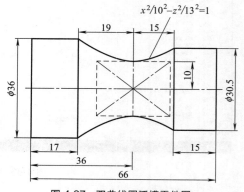

图 4-87　双曲线圆弧槽零件图

三、任务实施

① 在【主页】选项卡→"加载项"功能区中，单击"运行加载项"命令按钮 ⚙️，弹出打开插件对话框，选择函数插件 fplot. dll，单击"打开［O］"，然后在弹出函数程序对话框中检索 EQN 后缀文件，选择 SINE. EQN 来进行更改；按照双曲线方程及尺寸大小，修改程序，如图 4-88 所示。最后另存为 EQN 格式文本。

② 在【函数绘图】对话框中，点击【线】，选择参数式曲线，点击【绘制】，软件根据参数定义画出双曲线，如图 4-89 所示。

③ 在【线框】选项卡→"形状"功能区中，单击"矩形"命令按钮 ▭，绘制其他圆弧槽零件轮廓图，如图 4-90 所示。

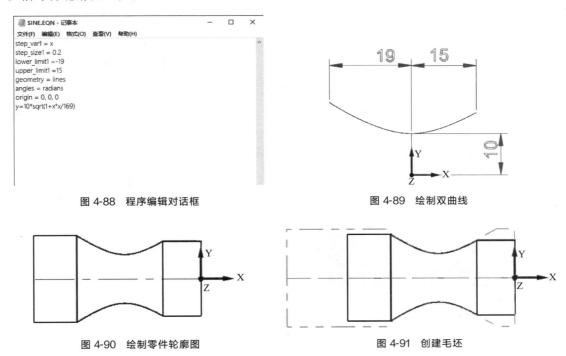

图 4-88　程序编辑对话框　　　　　　　　　图 4-89　绘制双曲线

图 4-90　绘制零件轮廓图　　　　　　　　　图 4-91　创建毛坯

④ 单击"机床群组"中的 🛢️ 毛坯设置，打开"机床群组属性"对话框，在"毛坯设置"页面，选择左侧主轴，单击"参数"，打开"机床组件管理-毛坯"对话框，输入毛坯外径 40、长度 90，单击确定 ✅ 退出，完成圆柱毛坯创建，如图 4-91 所示。

⑤ 在【车削】选项卡→"标准"功能区中，单击切路列表中的"动态粗车"命令 🛒，打开"线框串连"对话框，选择部分串连，拾取加工切入线，拾取加工切出线，单击确定 ✅，打开"动态粗车"对话框，选择切车，设置进给速率 0.2 毫米/转，设置单头圆形刀片，修改 B 为 1.5，如图 4-92 所示。设置刀具参数，如图 4-93 所示。

⑥ 在"动态粗车参数"页面，设置步进量：0.75，刀路半径：0.5，X 预留量：0.1，Z 预留量：0.1，切削方向：选择双向。切入参数设置为允许双向垂直下刀，如图 4-94 所示。

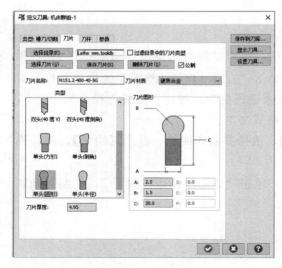

图 4-92　修改刀片参数

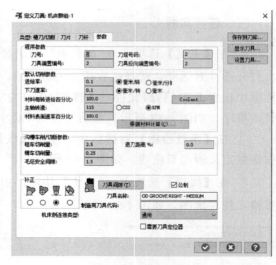

图 4-93　设置刀具参数

⑦ 动态粗车参数设定完毕后，单击确定 ，退出"动态粗车"对话框，生成动态粗车刀路加工轨迹，如图 4-95 所示。

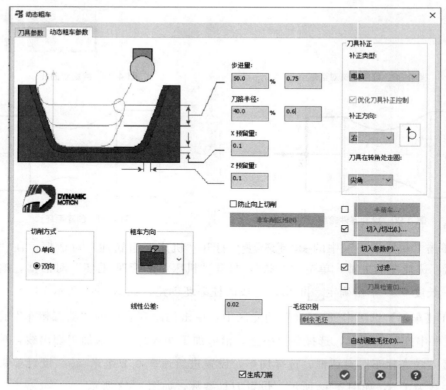

图 4-94　动态粗车参数设置

⑧ 单击"刀路操作管理器"中的刀路实体仿真模拟命令 ，打开"实体仿真"窗口，单击开始 ，进行动态粗车加工轨迹模拟，如图 4-96 所示。

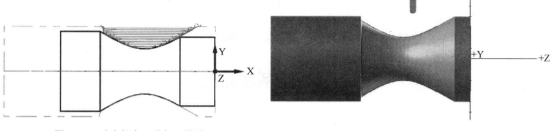

图 4-95 动态粗车刀路加工轨迹　　　　　　　图 4-96 动态粗车加工轨迹模拟

⑨ 单击"刀路操作管理器"中的后处理命令 G1，打开"后处理程序"对话框，程序扩展名为 .NC，单击确定 ✅ 退出，弹出程序文件另存为对话框，输入文件名，单击保存，输出动态粗车加工程序，如图 4-97 所示。

图 4-97 动态粗车刀路加工程序

四、知识拓展

高速动态加工是一种新的编程加工策略，它主要利用刀具的侧刃来切削工件，借助高速机床的高转速、高速进给以及加工过程中吃刀量的稳定性，在较短的时间内达到快速去除材料的目的，从而提高加工效率，降低生产成本。

动态粗车参数解释：

步进量：背吃刀量（每次进刀的加工量）。

刀路半径：每次进刀所走的圆弧半径量。

X 预留量：X 方向的余量。

Z 预留量：Z 方向的余量。

切削方向：单向与双向。

刀具补正方式：有电脑、控制器、磨损、反向磨损、关几种方式，一般使用电脑进行补偿或者关（使用机床刀补补偿）。

补正方向：使用电脑补偿时选取，根据刀具的方向进行选取（左刀补或右刀补）。

刀具在转角处走圆角：根据实际加工要求设置。

切入/切出：进刀时，避免刀具直接碰撞零件，退刀时，同样避免刀具直接碰撞零件，这在加工中至关重要。

任务十　手柄曲面加工

一、任务导入

车削粗加工是通过在最短的时间内去除最多的材料，使零件加工到预定厚度，并且忽略精度和表面粗糙度。精车则产生光滑的表面，并使工件达到最终正确的尺寸。本任务主要完成如图 4-98 所示手柄曲面粗加工。

二、任务分析

手柄曲线绘制先绘制已知线段 $R15$ 和 $R10$，再绘制中间线段 $R50$，最后绘制连接线段 $R12$。刀具设置要避免干涉，选择 $R0.4$ 的 35°尖刀。

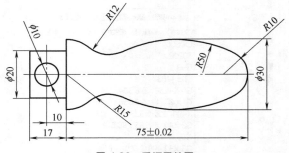

图 4-98　手柄零件图

三、任务实施

1. 创建模型

① 单击平面操作管理器窗口上面的车削平面![icon]，从列表中选择＋D＋Z，将后边的 G、WCS、C、T 等选项全部选上，进入车削平面作图环境，在【机床】选项卡→"车床类型"功能区中，单击"车床"命令![icon]，创建车床群组。

② 在【线框】选项卡→"绘线"功能区中，单击"线端点"命令![icon]，按照零件图要求绘制如图 4-99 所示的手柄零件轮廓图形。

2. 创建毛坯

单击"机床群组"中的![icon]毛坯设置，打开"机床群组属性"对话框，在"毛坯设置"页面，选择左侧主轴，单击"参数"，打开"机床组件管理-毛坯"对话框，可以输入毛坯外径 32、长度 120，轴向位置 0，单击确定![icon]退出，完成圆柱毛坯创建，如图 4-100 所示。

3. 创建手柄加工刀路

① 在【车削】选项卡→"标准"功能区中，单击"粗车"命令![icon]，打开"线框串连"对话框，选择部分串连，拾取加工切入线，拾取加工切出线，单击确定![icon]，退出"线框串连"对话框，软件自动弹出"粗车"对话框，设置刀具参数和粗车参数。

② 在"刀具参数"页面，选择 $R0.4$ 的 35°尖刀，设置进给速率 0.2 毫米/转，切入进给速率 0.25 毫米/转，如图 4-101 所示。其余参数可根据自己需求进行修改，修改无误后，切换至粗车参数窗口。

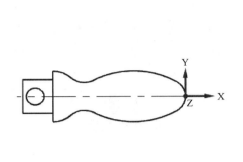

图 4-99 绘制手柄零件轮廓图形

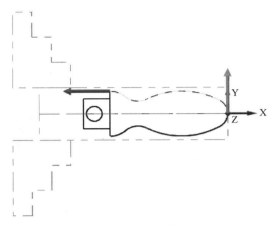

图 4-100 创建圆柱毛坯（6）

③ 在"粗车参数"页面，选择重叠量，轴向分层切削：等距步进；切削深度：1.0；X 预留量：0.5；Z 预留量：0.2；进入延伸量：2.5；补正方向：右；切削方式：单向；毛坯识别：剩余毛坯，如图 4-102 所示。

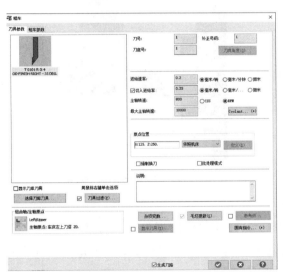

图 4-101 刀具参数设置（2）

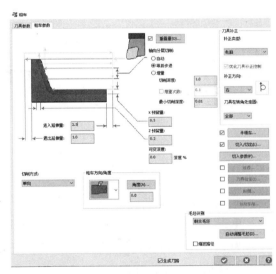

图 4-102 粗车参数设置（3）

④ 单击"半精车"，设置加工余量为 0。单击"切入切出"，选择"自动计算进刀向量"，设置最小向量长度 2.0，如图 4-103 所示。单击"切入参数"，选择第二种切入方式，如图 4-104 所示。

粗车参数设定完毕后，单击确定 ✅，退出"粗车"对话框，生成刀路加工轨迹，如图 4-105 所示。

4. 刀路轨迹模拟

单击"刀路操作管理器"中的刀路实体仿真模拟命令 ▦，打开"实体仿真"窗口，单击开始 ▶，进行手柄刀路加工轨迹模拟，如图 4-106 所示。

图 4-103 进退刀参数设置

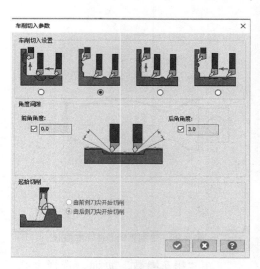

图 4-104 车削切入参数设置

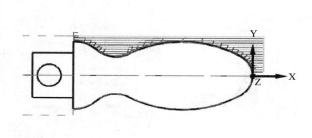

图 4-105 手柄刀路加工轨迹

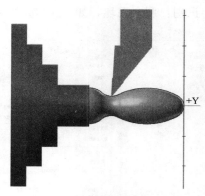

图 4-106 手柄刀路加工轨迹模拟

5. 生成加工程序

单击"刀路操作管理器"中的后处理命令 **G1**，打开"后处理程序"对话框，程序扩展名为 .NC，单击确定 ✅ 退出，弹出程序文件另存为对话框，输入文件名，单击保存，输出手柄加工程序，如图 4-107 所示。

四、知识拓展

粗加工参数解释如下：

（1）【重叠量】用于设置两相邻车削路线间的重叠量，可以保证粗加工面的平整，以减少精加工时的振动，从而提高精加工的表面质量。

（2）【粗车步进量】用于设置每次车削加工的粗车深度。勾选【等距】复选框，可使每次车削的深度相等。

（3）【最少的切削深度】用于设置车削时最小的背吃刀量。

（4）【X 方向预留量】用于设置粗加工后在 X 方向给精加工留的余量。

（5）【Z 方向预留量】用于设置粗加工后在 Z 方向给精加工留的余量。

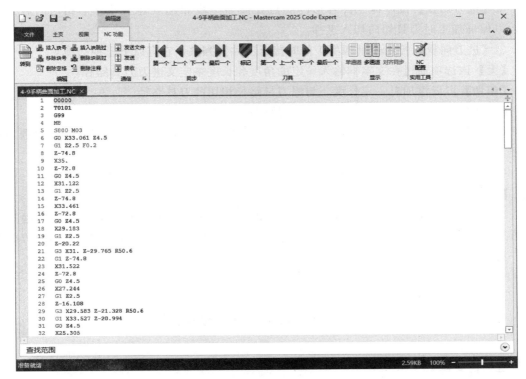

图 4-107　手柄加工程序

（6）【进刀延伸量】用于设置在进刀时，刀具相对工件端面的距离。一般设为 2～5。

（7）【切削方式】有【单向】切削和【双向】切削两种方式。

（8）【粗车方向/角度】

① 粗车方向。有【外径】、【内径】、【面铣】（即在前端面车削）和【后退】（即在后端面车削）四种加工方向可供选择。

② 切削角度。可设置粗车时的切削角度。一般车外圆时可设置为 0°

（9）【刀具补偿】。

① 补正形式。车床系统的刀具补偿也有【电脑】、【控制器】【反向磨损】和【无】共三种方式。

② 补正方向。有【左补偿】和【右补偿】两种。车外圆时多选择【右补偿】；车内圆选择【左补偿】。

（10）【半精车】是为保证加工精度，常常在粗车后进行一次半精加工，以减少工件的误差，为精加工打下良好的基础。

（11）【进/退刀向量】是进刀选项卡，用于设置进刀路径，引出选项卡用于设置退刀路径。

①【调整轮廓线】用于调整工件外形，设置进刀位置。延伸/缩短起始轮廓线。勾选该复选框，可以设置刀具路径串的起点是【延伸】还是【缩短】。在【数量】文本框中可以输入延伸或缩短量。一般粗加工选择【延伸】，增加线段。可以在刀具路径的起点处增加一条引入线段，使刀具快速定位时不和工件相撞。

②【进刀切弧】可以在工件外形的起点处添加一段和起点处工件外形相切的圆弧路径，以保证加工时刀具切向切入工件。

③【进刀向量】控制刀具切削工件时接近工件的方法，它有以下三种选项：

【无】该选项通过在文本框输入一定的角度和长度来定义进刀刀具路径。

【相切】可以添加有一定长度、与原刀具路径相切的刀具路径。

【垂直】可以添加有一定长度、与原刀具路径垂直的刀具路径。

（12）【进刀参数】用于设量粗车时是否允许"底切"，若允许"底切"，则设参数。其主要参数的含义如下：

①【间隙角】。其中【背间隙角】用来设置刀具的副切削刃与刀具路径的夹角，即切角；【前间隙角】用来设置刀具的主切削刃与刀具路径的夹角，即切出角。

②【起始切削】。如果设置允许"底切"的外形是外圆底切，还应设置相应的起始切削方式：有【由刀具的前方角落开始切削】和【由刀具的后方角落开始切削】两种方式供用户选择。

任务十一　成形轴仿形粗加工

一、任务导入

仿形加工是在轮廓切削操作中，车刀沿着预定义几何形状的路径轴向移动。需要多次通过轮廓车刀才能在工件上创建期望的轮廓。本任务主要完成如图 4-108 所示的成形轴仿形粗加工。

二、任务分析

仿形加工方法主要用于加工毛坯形状与零件轮廓形状基本接近的铸造、锻造成已粗车成形的工件，如果是外圆毛坯直接加工，会走很多空刀，降低了加工效率。

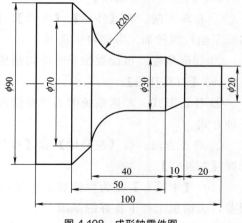

图 4-108　成形轴零件图

三、任务实施

1. 创建模型

① 单击平面操作管理器窗口上面的车削平面，从列表中选择＋D＋Z，将后边的 G、WCS、C、T 等选项全部选上，进入车削平面作图环境，在【机床】选项卡→"车床类型"功能区中，单击"车床"命令 将创建车床群组。

② 在【线框】选项卡→"绘线"功能区中，单击"线端点"命令 ，按照零件图要求绘制如图 4-109 所示的成形轴零件轮廓图形。

③ 在【实体】选项卡→"创建"功能区中，单击"旋转"命令🔁，弹出【旋转实体】对话框，串连拾取成形轴零件轮廓，单击拾取水平中线作为旋转轴，单击确定✅，完成成形轴实体模型创建，如图 4-110 所示。

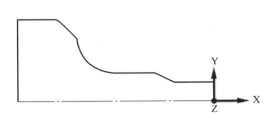

图 4-109　绘制成形轴零件轮廓图形　　　　　图 4-110　成形轴实体模型

2. 创建毛坯

① 在【转换】选项卡→"补正"功能区中，单击"串连补正"命令按钮🪛，打开"偏移补正"对话框，输入距离 3，选择成形轴轮廓线，单击确定✅，完成轮廓线偏移，如图 4-111 所示。

② 单击"机床群组"中的🛢毛坯设置，打开"机床群组属性"对话框，在"毛坯设置"页面，选择左侧主轴，单击"参数"，打开"机床组件管理-毛坯"对话框，选择"旋转"图形类型，串连拾取封闭轮廓线，单击确定✅退出，完成毛坯创建，如图 4-112 所示。

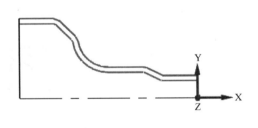

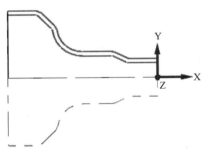

图 4-111　绘制毛坯轮廓图形　　　　　　图 4-112　创建毛坯

3. 创建手柄加工刀路

① 在【车削】选项卡→"标准"功能区中，单击"仿形粗车"命令🗑，打开"线框串连"对话框，选择部分串连，拾取加工切入线，拾取加工切出线，单击确定✅，退出"线框串连"对话框，软件自动弹出"仿形粗车"对话框，设置刀具参数和粗车参数。

② 在"刀具参数"页面，选择 t0202 的 35°尖刀，设置进给速率 0.3 毫米/转，其余参数可根据自己需求进行修改，修改无误后，切换至粗车参数窗口。

③ 在"仿形粗车参数"页面，选择 XZ 补正，X 补正 1.0，Z 补正 0.5，X 预留量：0.2，Z 预留量：0.2，进刀量：1.0，退刀量：0.5，切削方式：单向，毛坯识别：剩余毛坯，如图 4-113 所示。

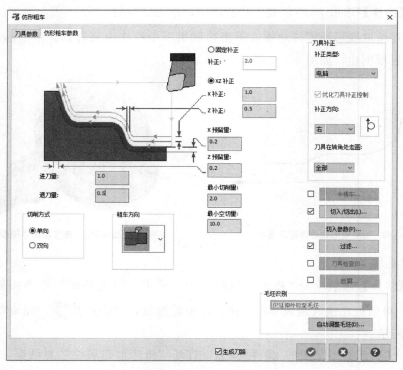

图 4-113　设置仿形粗车参数

④ 单击"仿形粗车"对话框中的"切入切出",设置进刀参数,如图 4-114 所示,设置退刀参数,如图 4-115 所示。

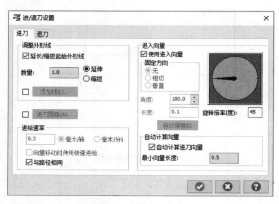

图 4-114　设置进刀参数

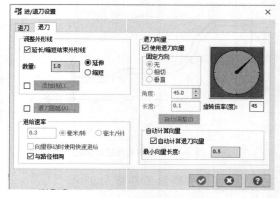

图 4-115　设置退刀参数

⑤ 单击"切入参数",选择第二种切入方式。

仿形粗车参数设定完毕后,单击确定 ◉,退出"仿形粗车"对话框,生成刀路加工轨迹,如图 4-116 所示。

4. 刀路轨迹模拟

单击"刀路操作管理器"中的刀路实体仿真模拟命令 ▣,打开"实体仿真"窗口,单击开始 ▶,进行仿形粗车加工轨迹模拟,如图 4-117 所示。

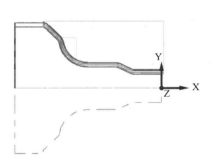

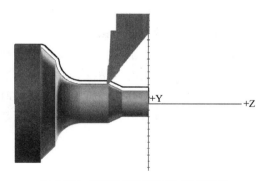

图 4-116　成形轴仿形粗车加工轨迹　　　　图 4-117　成形轴仿形粗车加工轨迹模拟

5. 生成加工程序

单击"刀路操作管理器"中的后处理命令G1，打开"后处理程序"对话框，程序扩展名为 .NC，单击确定✅退出，弹出程序文件另存为对话框，输入文件名，单击保存，输出仿形粗车加工程序，如图 4-118 所示。

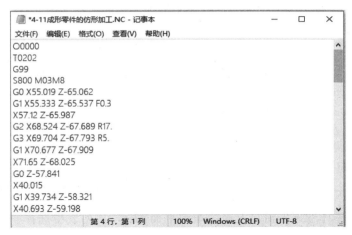

图 4-118　成形轴仿形粗车加工程序

四、知识拓展

仿形粗车加工参数解释：

固定补正与 XZ 补正：两者任选其一使用，避免第一刀大余量切削。

X 预留量：X 方向的余量。

Z 预留量：Z 方向的余量。

最小切削量：最小的背吃刀量。

切削方向：单向与双向。

刀具补正方式：有电脑、控制器、磨损、反向磨损、关，一般使用电脑进行补偿或者关（使用机床刀补补偿）。

补正方向：使用电脑补偿时选取，根据刀具的方向进行选取（左刀补或右刀补）。

半精车：半精加工（根据实际情况选择）。

切入/切出：进刀时，避免刀具直接碰撞零件，退刀时，同样避免刀具直接碰撞零件，这在加工中至关重要。

切入参数：选择加工类型，这里因为使用尖刀，所以后角角度补3°（干涉角度）（根据实际情况选择，无特殊情况，一般默认选择）。

过滤：对公差或圆弧参数有特殊要求时进行设置。

检查刀具：检查刀具位置、路径的次数、切削的长度和切削时间。

毛坯识别：默认。

任务十二　轴类零件钻孔加工

一、任务导入

钻削操作从工件内部去除材料，钻削的结果是形成由钻头所确定直径的孔。钻头通常放置在尾座上。本任务是完成如图4-119所示轴类零件的钻孔加工。

二、任务分析

正常的钻孔顺序是，先使用中心钻打中心点再进行钻孔。根据实际加工情况，选择了直径6mm的中心钻，然后选择直径9mm的麻花钻进行深孔钻。

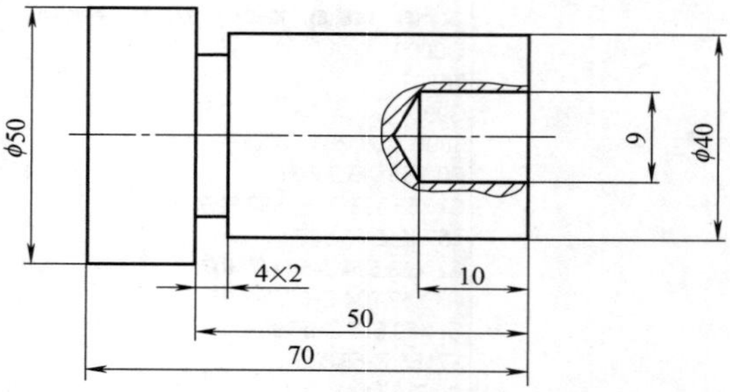

三、任务实施

1. 创建模型

① 单击平面操作管理器窗口上面的车削平面 ，从列表中选择＋D＋Z，将后边的G、WCS、C、T等选项全部选上，进入车削平面作图环境，在【机床】选项卡→"车床类型"功能区中，单击"车床"命令 将创建车床群组。

② 在【线框】选项卡→"绘线"功能区中，单击"线端点"命令 ，按照零件图要求绘制如图4-120所示的简单轴类零件轮廓图形。

图4-119　轴类零件图（3）

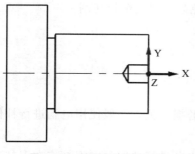

图4-120　绘制零件轮廓图形

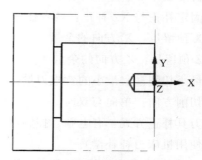

图4-121　创建圆柱毛坯（7）

2. 创建毛坯

单击"机床群组"中的 ·—— **毛坯设置**，打开"机床群组属性"对话框，在"毛坯设置"页面，选择左侧主轴，单击"参数"，打开"机床组件管理-毛坯"对话框，选择"圆柱"图形类型，输入直径70、长度70，单击确定 ✅ 退出，完成圆柱毛坯创建，如图4-121所示。

3. 钻中心孔

① 在【车削】选项卡→"标准"功能区中，单击"钻孔"命令 ▬▬，打开"车削钻孔"对话框，选择T15115、直径为6的中心钻，设置主轴转速和进给速率，如图4-122所示。

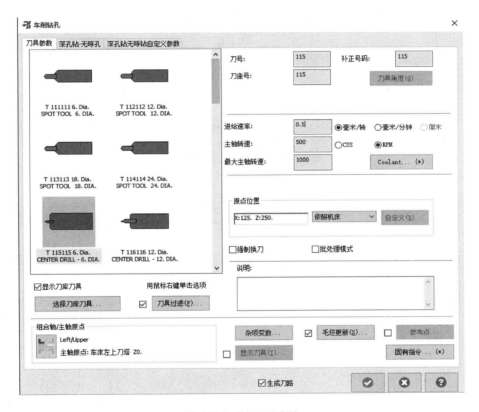

图4-122　设置刀具参数

② 在"深孔钻-无啄孔"页面，设置深度−5，安全高度3，提刀2，钻孔循环参数选择钻头/沉孔钻，如图4-123所示。钻孔参数设定完毕后，单击确定 ✅，退出"车削钻孔"对话框，生成钻中心孔加工轨迹。

③ 单击"刀路操作管理器"中的后处理命令 **G1**，打开"后处理程序"对话框，程序扩展名为.NC，单击确定 ✅ 退出，弹出程序文件另存为对话框，输入文件名，单击保存，输出钻中心孔加工程序，如图4-124所示。

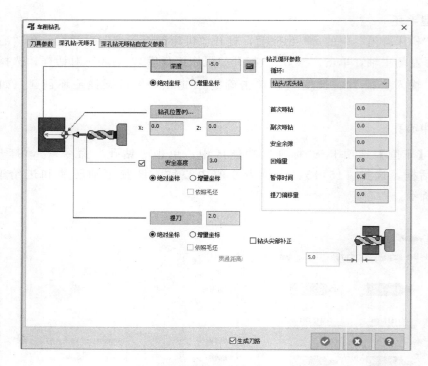

图 4-123　设置深孔钻-无啄孔参数

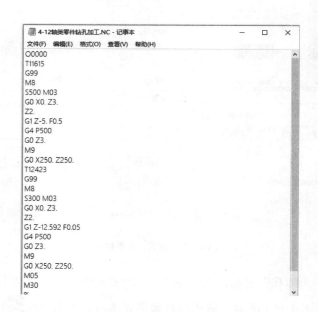

图 4-124　钻中心孔加工程序

4. 钻孔加工

① 在【车削】选项卡→"标准"功能区中，单击"钻孔"命令 ，打开"车削钻孔"对话框，选择 T123123、直径为 9 的麻花钻，设置主轴转速和进给速率，如图 4-125所示。

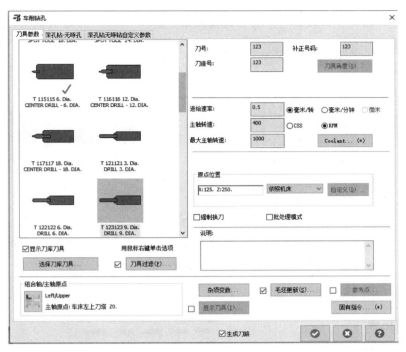

图 4-125　设置刀具参数

② 在"深孔啄钻"页面，设置深度−12.59216，安全高度 3，提刀 2，钻孔循环参数选择深孔啄钻（G83），首次啄钻 3，副次啄钻 2，安全余隙 0.1，暂停时间 0.1，如图 4-126 所示。钻孔参数设定完毕后，单击确定，退出"车削钻孔"对话框，生成钻孔加工轨迹。

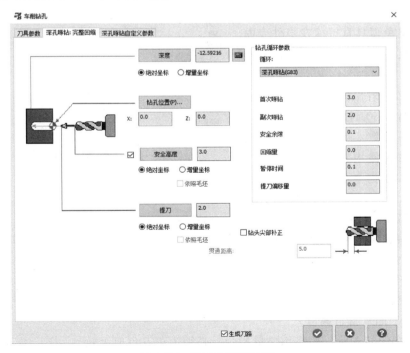

图 4-126　设置深孔啄钻参数

③ 单击"刀路操作管理器"中的刀路模拟命令 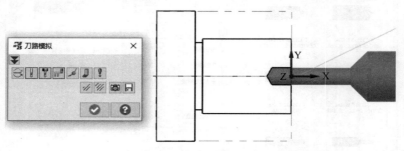，打开"刀路模拟"窗口，单击开始 ▶，进行钻孔刀路加工轨迹模拟，如图 4-127 所示。

图 4-127　钻孔加工轨迹模拟

④ 单击"刀路操作管理器"中的后处理命令 **G1**，打开"后处理程序"对话框，程序扩展名为 .NC，单击确定 ✓ 退出，弹出程序文件另存为对话框，输入文件名，单击保存，输出钻孔加工程序，如图 4-128 所示。

四、知识拓展

1. 钻孔加工参数解释

进入深孔钻-无啄孔窗口，根据个人实际加工情况修改加工参数，根据窗口需要修改的参数进行分析：

深度：中心钻钻入的深度。

钻孔位置：X 值一般为 0，Z 值留安全距离，避免刀具直接撞在零件表面。

安全高度：进刀前的安全定位距离（G00 移动）。

参考高度：钻孔前刀具逼近零件的最后安全距离（G01 移动）。

钻孔循环参数：如钻中心孔可直接使用默认钻法，使用钻头钻孔时，可使用循环里的 G74 指令及 G84 指令等循环指令。

图 4-128　钻孔加工程序

钻头尖部补正：钻头尖部的深度，避免钻孔深度不足，钻孔时都须考虑。

2. G83 深孔啄式钻孔循环

格式：G98/G99 G83 X _ Y _ Z _ R _ Q _ P _ F _

X _ Y：孔中心位置。

Z _：孔底位置。

R：安全平面（接近高度）。

Q _：每次的切入量，始终用增量指令，必须为正，负值无效。

P _：孔底暂停时间（ms）。必须为 0 或正数，缺省值为 10。

F_：进给速度。

G83 指令下从 R 点到 Z 点的进给分段完成，每段进给完成后，Z 轴快速返回到 R 点平面，然后以快速进给速率运动到距离下一段进给起点上方 d 的位置，开始下一段进给运动，以免撞坏刀具，能够很好地解决钻头的冷却和切屑的排出，但由于每次的抬刀比较高，效率较低。

3. Mastercam 2025 数控车输出 G83 钻孔循环程序

① 在【机床】选项卡→"工作设定"功能区中，单击"机床定义"命令![icon]，打开"机床定义管理"对话框，单击"控制器定义"命令![icon]，打开"控制器定义"对话框，如图 4-129 所示。在控制器选项中选择车削钻孔循环，深孔啄钻（完整回缩），单击确定![icon]，返回"机床定义管理"对话框，单击确定![icon]，完成车削钻孔循环设置。

② 在"深孔啄钻"页面，设置深度 −12.59216，安全高度 3，提刀 2，钻孔循环参数选择深孔啄钻（G83），首次啄钻 3，副次啄钻 2，安全余隙 0.1，暂停时间 0.1，如图 4-130 所示。钻孔参数设定完毕后，单击确定![icon]，退出"车削钻孔"对话框，生成钻孔加工轨迹。

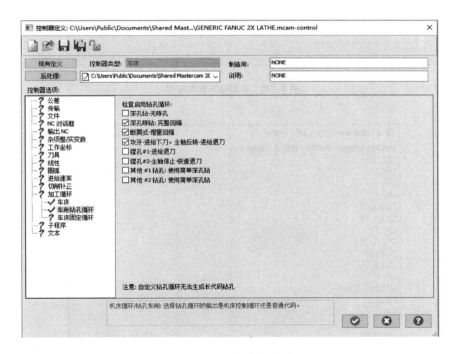

图 4-129　控制器定义对话框

③ 单击"刀路操作管理器"中的后处理命令 G1，打开"后处理程序"对话框，程序扩展名为 .NC，单击确定![icon]退出，弹出程序文件另存为对话框，输入文件名，单击保存，输出深孔啄钻 G83 格式的加工程序，如图 4-131 所示。

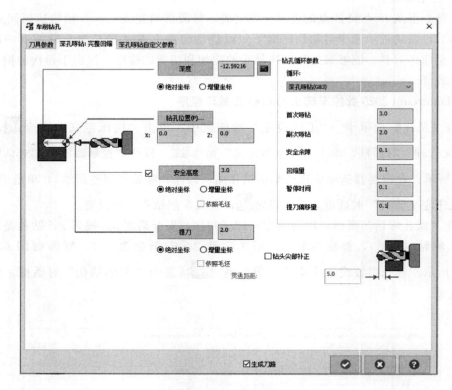

图 4-130　车削钻孔参数设置

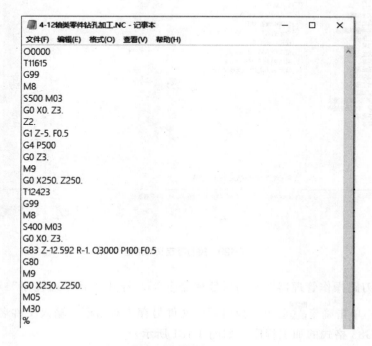

图 4-131　钻孔加工程序

任务十三　端面斜槽动态粗加工

一、任务导入

对于回转体工件端面槽的加工，一般选用车床，利用端面车槽刀进行车削加工，方法简单，效率高。本任务是加工如图 4-132 所示的端面斜槽。

二、任务分析

本任务是加工端面锥度斜槽，利用动态粗车加工方法，可以节省时间、提高加工效率，由于是 45° 斜槽，所以定义刀具非常重要，刀具曲线由槽的弯曲方向决定。刀具切入方向要和斜槽轮廓平行，采用 $R1.5$ 的单头圆形刀片，设置有效切深应大于 20mm。

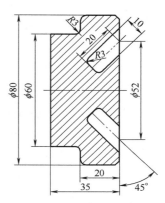

图 4-132　零件轮廓图形

三、任务实施

1. 创建模型

◎ 在【线框】选项卡→"形状"功能区中，单击"矩形"命令按钮 ▭ ，绘制宽 20、高 80 的矩形，再做宽 15、高 60 的矩形，然后做 $R3$ 的倒圆角、距离 2 的倒角，如图 4-133 所示。

◎ 在【线框】选项卡→"绘线"功能区中，单击"线端点"命令 ✎ ，按照零件图要求绘制长 20、夹角 225° 的斜线，再利用平行线命令做距离为 5 的平行线，如图 4-134 所示。

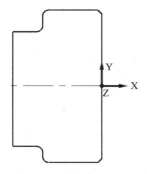

图 4-133　绘制零件轮廓图形

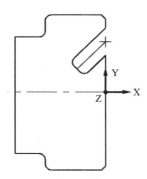

图 4-134　绘制端面斜槽

2. 端面斜槽动态粗加工

◎ 单击"机床群组"中的 🖱 **毛坯设置**，打开"机床群组属性"对话框，在"毛坯设置"页面，选择左侧主轴，单击"参数"，打开"机床组件管理-毛坯"对话框，输入毛坯外径 84、长度 40，单击确定 ✅ 退出，完成圆柱毛坯创建，如图 4-135 所示。

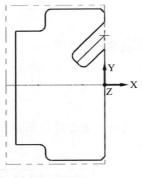

图 4-135　创建圆柱毛坯（8）

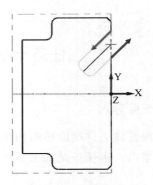

图 4-136　串连拾取加工轮廓

② 在【车削】选项卡→"标准"功能区中，单击切路列表中的"动态粗车"命令，打开"线框串连"对话框，选择部分串连，拾取加工切入线，拾取加工切出线，如图 4-136 所示。单击确定，打开"动态粗车"对话框，选择切槽刀具，设置进给速率 0.2 毫米/转，设置 $R1.5$ 的单头圆形刀片，设置刀具参数，如图 4-137 所示。单击"设置刀具"，在"车刀设置"对话框中，单击"切入方向"，拾取斜槽中线，如图 4-138 所示。

图 4-137　刀具参数设置（3）

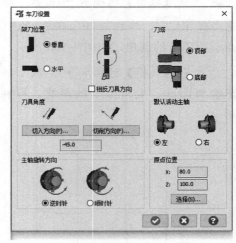

图 4-138　车刀设置

③ 在"动态粗车参数"页面，设置步进量：0.5，刀路半径：0.5，X 预留量：0.2，Z 预留量：0.2，切削方式：选择双向，粗车方向：选择端面。切入参数设置为：允许双向垂直下刀，如图 4-139 所示。

④ 动态粗车参数设定完毕后，单击确定，退出"动态粗车"对话框。当出现快速移动碰撞刀具安全边界提示时，单击"选择新点"，拾取图 4-140 中的 A 点，生成动态粗车刀路加工轨迹，如图 4-141 所示。

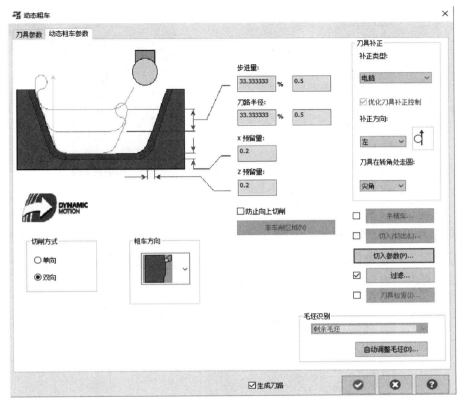

图 4-139　动态粗车削参数设置

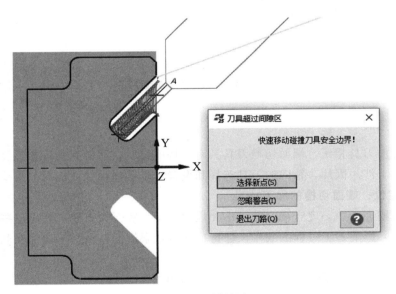

图 4-140　选择新点

⑤ 单击"刀路操作管理器"中的刀路模拟命令 ≋，打开"刀路模拟"窗口，单击开始 ▶，进行动态粗车加工轨迹模拟，如图 5-142 所示。

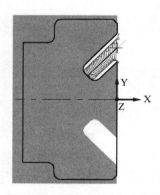

图 4-141 动态粗车刀路加工轨迹

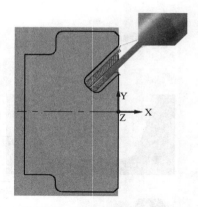

图 4-142 动态粗车加工轨迹模拟

⑥ 单击"刀路操作管理器"中的后处理命令 G1，打开"后处理程序"对话框，程序扩展名为 . NC，单击确定 ⊘ 退出，弹出程序文件另存为对话框，输入文件名，单击保存，输出动态粗车加工程序，如图 4-143 所示。

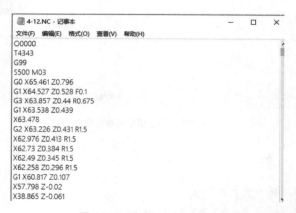

图 4-143 动态粗车加工程序

四、知识拓展

与其他切槽刀具相比，端面切槽刀具具有独特的形状，通常有一定的弧度，以防止与工件本体发生干涉。因此，精确的刀具选择和设置对于确保最佳性能至关重要。

1. 精确定位：端面切槽的加工技术

在端面切槽加工中，遵守规定的最小和最大加工直径至关重要。超出这些范围会导致车身干涉问题，影响加工过程的效率。保持这些直径限制的认识对于确保顺利和成功操作至关重要。

2. 水平进给加工：最大限度地提高效率和精度

刀具选择和加工方法的主要考虑因素如下：

① 确认端面切槽的最大直径。选择能适应端面切槽最大直径的刀具。

② 从达到最大直径处开始端面切槽加工。

③ 切槽加工完成后，向直径内部交叉进给。

项目小结

　　本项目主要学习 Mastercam 2025 软件编程基础知识及工作任务，引导读者快速掌握并熟练运用 Mastercam 2025 软件的粗车加工、精车加工、螺纹加工、钻孔加工编程及模拟仿真操作方法。在编程实践中激励青年一代走技能成才、技能报国之路，培养更多高技能人才和大国工匠，为全面建设社会主义现代化国家提供有力的人才保障。

思考与练习

　　1. 工艺品葫芦零件尺寸如图 4-144 所示，要求设计出所要加工的葫芦，并进行数控车模拟加工，生成加工程序。

　　2. 零件尺寸如图 4-145 所示，要求设计出国际象棋"兵"，并进行数控车模拟加工，生成加工程序。

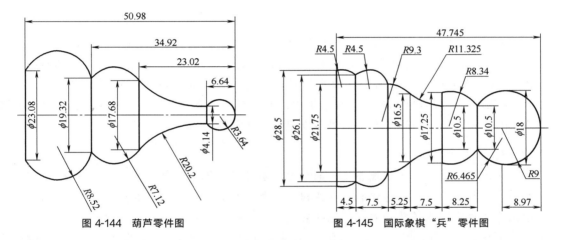

图 4-144　葫芦零件图　　　　　　　图 4-145　国际象棋"兵"零件图

　　3. 加工图 4-146，根据图样尺寸及技术要求，完成零件的轮廓粗/精加工、切槽加工和螺纹加工，并生成加工程序。

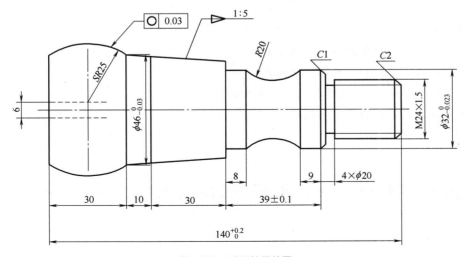

图 4-146　球形轴零件图

项目五

Mastercam 2025
数控车自动编程综合实例

Mastercam 2025 是一款领先的数控编程与加工仿真软件，Mastercam 2025 支持多轴加工，具有高效、精确的刀具路径计算能力，可大大提高加工效率和质量。它还集成了强大的 CAD 设计、CAM 编程和仿真模拟功能，为制造行业提供了全面的解决方案，方便用户快速进行产品设计和加工编程。本项目通过对四个典型工作任务的学习，引导读者熟练运用 Mastercam 2025 软件完成数控车削自动编程综合练习。

＊ 育人目标 ＊

- 通过轴类零件编程综合案例的学习，引导学生养成认真负责的工作态度，增强学生的责任担当，有大局意识和核心意识。培养学生孜孜不倦、精益求精的工匠精神，使学生养成遵守职业道德和职业规范的习惯。
- 培养学生团队合作意识、实践能力、创新能力，为将来走上工作岗位打下坚实的基础。
- 培养积极、严谨的科学态度和工作作风，提高数控机床操作的安全意识。

＊ 技能目标 ＊

- 掌握零件造型及内轮廓动态车削加工。
- 掌握加工路线和装夹方法的确定。
- 掌握 Mastercam 2025 绘图及编制加工程序的方法。
- 掌握复杂零件的程序编制方法。

任务一　Mastercam 2025 碗的造型及内轮廓动态车削加工

一、任务导入

动态粗车利用圆形刀片可实现不间断往返车削，断屑效果也会比较显著，刀具负载相对传统车削比较稳定，因此非常适用于耐热合金等难加工材料加工。本任务主要是利用动态粗加工功能完成图 5-1 所示的碗的内轮廓粗加工及精加工，碗的立体模型如图 5-2 所示。

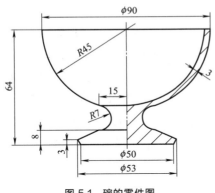

图 5-1　碗的零件图

图 5-2　碗的立体模型

二、任务分析

动态粗车适合圆弧槽类零件粗加工，效率高、铁屑不缠削，刀具"轻拉快走"。原则上只适合球形刀具，如果是其他刀具做动态粗车，需要更改刀具间隙，使用动态粗车必须要设置毛坯。根据分析，制定加工工艺方案，先钻 44mm 深的孔，减少动态粗车对刀具的磨损，再进行动态粗车，最后进行内轮廓精加工，设置车削预留量及中心部位的残留量。

三、任务实施

1. 创建模型

① 在【线框】选项卡，利用线端点、平行线、画圆等命令，按照图 5-1 所示碗的尺寸绘制完成如图 5-3 所示的轮廓图。

② 在层别管理器中，单击实体图层，作为当前图层。在【实体】选项卡→"创建"功能区中，单击"旋转"命令🔧，弹出【旋转实体】对话框，串连拾取主体外形轮廓，单击拾取水平中线作为旋转轴，单击确定✅，完成碗的实体模型创建，如图 5-4 所示。

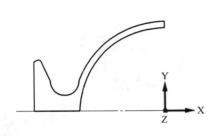

图 5-3　碗的轮廓图

图 5-4　碗的实体模型

2. 钻孔加工

① 单击"机床群组"中的 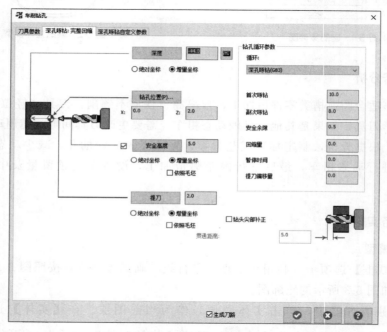 毛坯设置，打开"机床群组属性"对话框，在"毛坯设置"页面，选择左侧主轴，单击"参数"，打开"机床组件管理-毛坯"对话框，输入毛坯外径 94、长度 70，单击确定 ✅ 退出，完成圆柱毛坯创建。

② 在【车削】选项卡→"标准"功能区中，单击"钻孔"命令 ⌐，打开"车削钻孔"对话框，选择 T125125，直径为 10 的麻花钻，设置主轴转速 300，进给速率 0.05。

③ 在"深孔啄钻"页面，设置深度－44.0，钻孔位置 X：0.0，Z：2.0，安全高度 5.0，提刀 2.0，钻孔循环参数，选择深孔啄钻 G83，首次啄钻 10.0，副次啄钻 8.0，如图 5-5 所示。钻孔参数设定完毕后，单击确定 ✅，退出"车削钻孔"对话框，生成钻孔加工轨迹，如图 5-6 所示。为了后面动态粗加工使用毛坯，在刀路管理器中选择不更新毛坯。

图 5-5　深孔啄钻参数设置

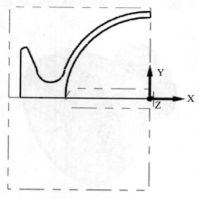

图 5-6　钻孔加工轨迹

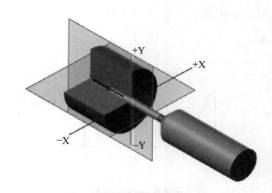

图 5-7　钻孔刀路加工轨迹模拟

④ 单击"刀路操作管理器"中的刀路实体模拟命令 ，打开"刀路实体模拟"窗口，在 3D 视图中选择等视图，在实体仿真中选择剪切第二象限，单击开始 ▶，进行钻孔刀路加工轨迹模拟，如图 5-7 所示。

⑤ 在控制器定义选项中选择车削钻孔循环，深孔啄钻。单击"刀路操作管理器"中的后处理命令 **G1**，打开"后处理程序"对话框，程序扩展名为 .NC，单击确定 ✅ 退出，弹出程序文件另存为对话框，输入文件名，单击保存，输出钻孔加工程序，如图 5-8 所示。

```
O0000
T0303
G99
M8
S300 M03
G0 X0. Z7.
G83 Z-42. R-3. Q10000 F0.05
G80
M9
G0 X250. Z250.
M05
M30
%
```

图 5-8　钻孔加工程序

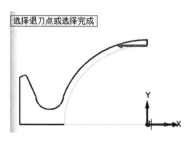

图 5-9　串连拾取加工轮廓

3. 碗的内轮廓粗加工

① 在【车削】选项卡→"标准"功能区中，单击切路列表中的"动态粗车"命令 ，串连拾取进退刀点，如图 5-9 所示。打开"动态粗车"对话框，选择 $R3$ 的球形车刀，设置进给速率 0.25 毫米/转，设置单头圆形刀片，选择补正方式，如图 5-10 所示。单击设置刀具，选择水平及相反刀具方向，如图 5-11 所示。

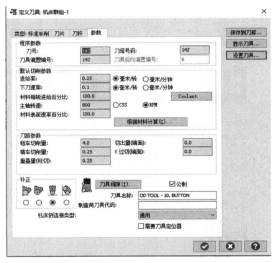

图 5-10　刀具参数设置（1）

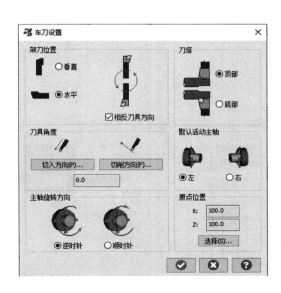

图 5-11　车刀设置

② 在"动态粗车参数"页面，设置步进量：1.2，刀路半径：1.2，X 预留量：0.2，Z 预留量：0.2，切削方向：选择双向。如图 5-12 所示。

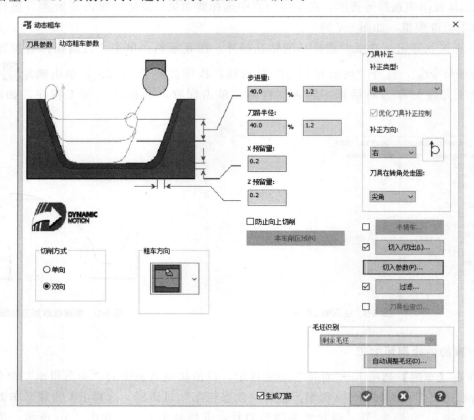

图 5-12　动态粗车参数设置

③ 单击"切入切出"，设置自动计算进刀向量，切入延伸量 1.0，如图 5-13 所示。切入参数设置为：允许双向垂直下刀，如图 5-14 所示。

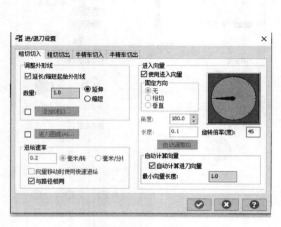

图 5-13　粗切切入参数设置

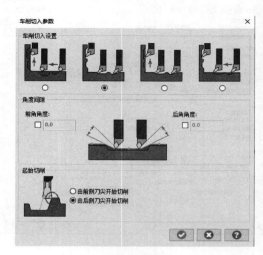

图 5-14　车削切入设置

④ 动态粗车参数设定完毕后，单击确定 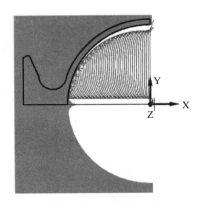，退出"动态粗车"对话框，生成动态粗车刀路加工轨迹，如图 5-15 所示。

⑤ 单击"刀路操作管理器"中的刀路模拟命令 ，打开"刀路模拟"窗口，单击开始 ，进行动态粗车加工轨迹模拟，如图 5-16 所示。

图 5-15　动态粗车加工轨迹

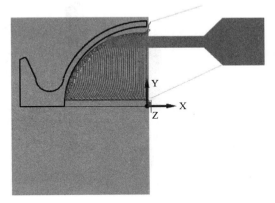

图 5-16　动态粗车加工轨迹模拟

⑥ 单击"刀路操作管理器"中的后处理命令 G1，打开"后处理程序"对话框，程序扩展名为 .NC，单击确定 退出，弹出程序文件另存为对话框，输入文件名，单击保存，输出动态粗车加工程序，如图 5-17 所示。

4. 碗的内轮廓精加工

① 在【车削】选项卡→"标准"功能区中，单击"精车"命令 ，打开"线框串连"对话框，选择部分串连，拾取加工内轮廓线，单击确定 ，退出"线框串连"对话框，软件自动弹出"精车"对话框，选择 $R3$ 的球形车刀，设置进给速率 0.25 毫米/转，设置单头圆形刀片，选择补正方式 。单击设置刀具，选择水平及相反刀具方向，如图 5-18 所示。

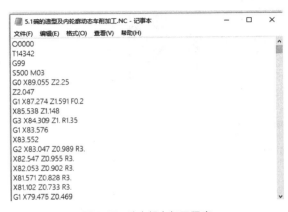

图 5-17　动态粗车加工程序

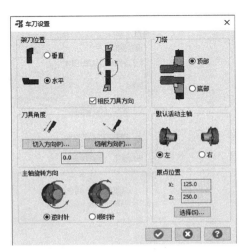

图 5-18　车刀设置

② 在"精车参数"页面，设置精车步进量 1.0；X 预留量：0.0；Z 预留量：0.0；精车次数 1。如图 5-19 所示。

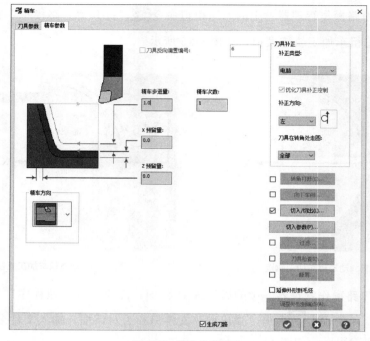

图 5-19　精车参数设置

③ 单击"切入/切出"，打开"进/退刀设置"对话框，在"进刀"页面，进入向量选择自动计算进刀向量。在"退刀"页面，选择自动计算退刀向量，选择退刀圆弧，设置退刀圆弧半径 3.0，如图 5-20 所示，进/退刀参数设置完成后，单击确定，退出"进/退刀设置"对话框。精车参数设定完毕后，单击确定，退出"精车"对话框，生成精车加工刀路轨迹，如图 5-21 所示。

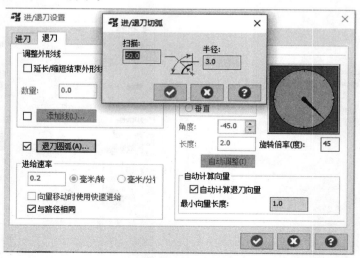

图 5-20　进退刀设置

④ 单击"刀路操作管理器"中的刀路模拟命令 ≋，打开"刀路模拟"窗口，单击开始 ▶，进行精车加工刀路轨迹模拟，如图 5-22 所示。

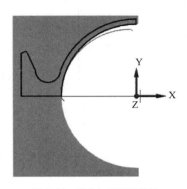

图 5-21　精车加工刀路轨迹

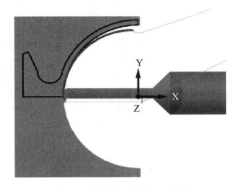

图 5-22　精车加工刀路轨迹模拟

⑤ 单击"刀路操作管理器"中的后处理命令 **G1**，打开"后处理程序"对话框，程序扩展名为 .NC，单击确定 ✅ 退出，弹出程序文件另存为对话框，输入文件名，单击保存，输出精车加工程序，如图 5-23 所示。

四、知识拓展

主轴转速控制：

① 恒转速控制 RPM（G97），表示切削过程中转速是固定的，当加工直径发生变化时，转速不变，切削速度 F 发生变化。

② 恒线速度控制 CSS（G96），比如 G96 S200，表示切削过程中保持 200m/min 的线速度，当加工的时候，直径发生变化，切削速度 F 保持不变，转速发生变化，因此，零

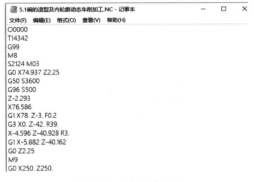

图 5-23　精车加工程序

件加工直径越小，转速越快，一般需要通过 G50 限制主轴的最大转速，比如 G50 S1500。

G96 恒线速度计算公式：线速度＝$(3.14dn)/1000$　d＝零件加工直径，n＝主轴转速

恒线速度的好处：提高零件表面加工质量，保持加工表面的粗糙度一致，主要体现在端面、锥面、圆弧面及台阶面，主要用于精车或者直径过大的零件。

任务二　Mastercam 2025 球轴零件的造型及车削加工

一、任务导入

动态粗车利用圆形刀片可实现不间断往返车削，断屑效果也会比较显著，刀具负载相对传统车削比较稳定，因此非常适用于耐热合金等难加工材料的加工。本任务主要是运用粗车、精车、切槽和车螺纹等命令，完成如图 5-24 所示的球轴零件的加工。

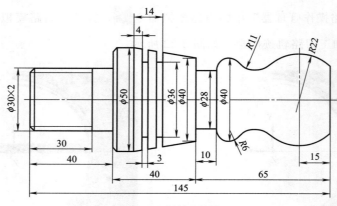

图 5-24　球轴零件图

二、任务分析

该零件由圆柱、圆锥、圆弧和螺纹等要素组成，结构较为复杂。该零件不能一次装夹完成加工，须调头进行二次装夹。通过对该零件的结构要素进行分析，确定该零件的加工方案为：先加工右端，再加工左端。车右端面→粗车右端外圆面→精车右端外圆面→切槽→切宽3的槽。调头加工左端，车左端面→精车左端外圆面→精车左端外圆面→车外螺纹。

三、任务实施

1. 创建模型

① 在【线框】选项卡→"圆弧"功能区中，单击"已知点画圆"命令 ⊕，输入圆心坐标（−15，0），输入半径 22，单击确定 ✅，完成 R22 圆绘制，如图 5-25 所示。

② 在【线框】选项卡→"形状"功能区中，单击"矩形"命令按钮 ▭，选择圆角矩形命令，打开矩形对话框。捕捉坐标中心点，输入宽度 55、高度 28，单击确定 ✅，完成矩形绘制，同理，按照零件图尺寸绘制其他矩形，如图 5-25 所示。

③ 在【线框】选项卡→"修剪"功能区中，单击"分割"命令 ✕，单击不需要的线删除，单击确定 ✅，完成图素修剪，如图 5-26 所示。

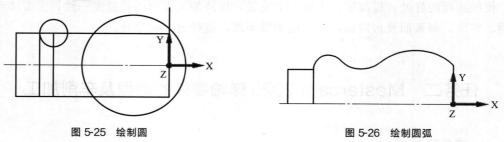

图 5-25　绘制圆　　　　　　　　　　　　图 5-26　绘制圆弧

④ 在【线框】选项卡→"形状"功能区中，单击"矩形"命令按钮 ▭，选择圆角矩形命令，打开矩形对话框。捕捉矩形左侧中心点，输入宽度 40、高度 50，单击确定 ✅，完成矩形绘制，同理，按照零件图尺寸绘制其他矩形，如图 5-27 所示。

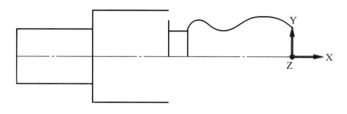

图 5-27　绘制矩形（10）

⑤ 在【线框】选项卡→"形状"功能区中，单击"平行"命令⟋，单击选择矩形右侧竖线，指定平行方向，输入距离 10，单击确定⊘，完成竖线的平行线绘制，同理，完成其他平行线绘制，如图 5-28 所示。

⑥ 在【线框】选项卡→"修剪"功能区中，单击"分割"命令✕，单击不需要的线删除，单击确定⊘，完成图素修剪，如图 5-29 所示。

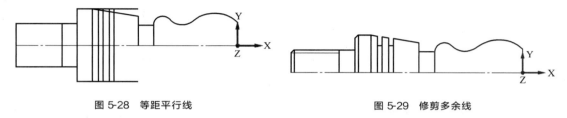

图 5-28　等距平行线　　　　　　　　　　　　　图 5-29　修剪多余线

⑦ 在"转换"选项卡→"位置分析"功能区中，单击"镜像"命令按钮⫞，弹出镜像对话框，X 轴作为镜像轴，选择复制方式，选择要镜像的轮廓线，单击确定⊘，完成轮廓曲线的镜像，如图 5-30 所示。

2. 创建毛坯

单击"机床群组"中的🔩毛坯设置，打开"机床群组属性"对话框，在"毛坯设置"页面，选择左侧主轴，单击"参数"，打开"机床组件管理-毛坯"对话框，输入外径 52、长度 150，轴向位置 Z 中输入 2，单击确定⊘退出，完成圆柱毛坯创建，如图 5-31 所示。

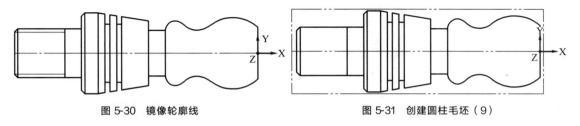

图 5-30　镜像轮廓线　　　　　　　　　　　图 5-31　创建圆柱毛坯（9）

3. 车右端面

① 在【车削】选项卡→"标准"功能区中，单击"车端面"命令▯，打开"车端面"对话框，在"刀具参数"页面，选择 $R0.8$、$80°$外圆车刀，设置进给速率等参数，主轴转速选择 CSS 恒线速，如图 5-32 所示。

② 在"车端面"页面，设置进刀量 2.0，粗车步进量 1.0，精车步进量 0.25，重叠量

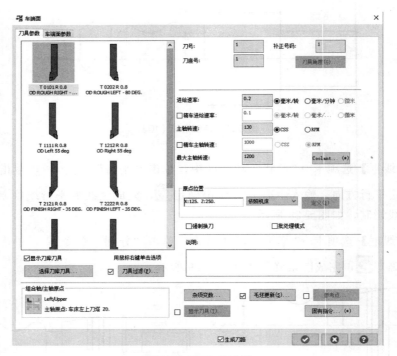

图 5-32　设置刀具参数

0.0，退刀延伸量 2.0，如图 5-33 所示。参数设置完成后，单击确定 ✅，退出"车端面"对话框，生成车端面加工轨迹，如图 5-34 所示。

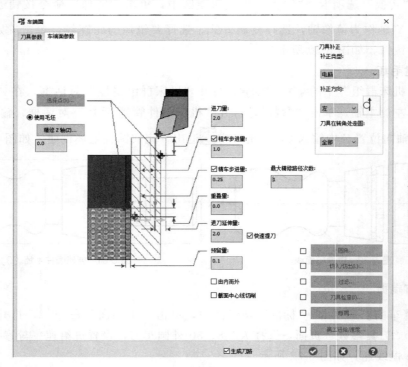

图 5-33　设置车端面参数

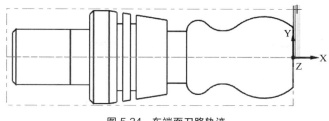

图 5-34　车端面刀路轨迹

③ 单击"刀路操作管理器"中的刀路模拟命令 ，打开"刀路模拟"窗口，单击开始 ，进行车端面加工轨迹模拟，如图 5-35 所示。

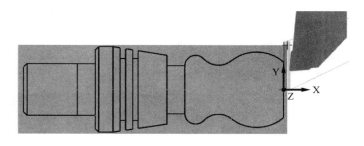

图 5-35　车端面加工刀路轨迹模拟

④ 单击"刀路操作管理器"中的后处理命令 ，打开"后处理程序"对话框，程序扩展名为 .NC，单击确定 退出，弹出程序文件另存为对话框，输入文件名，单击保存，输出车端面加工程序，如图 5-36 所示。

4. 零件右侧外轮廓粗加工

① 在【车削】选项卡→"标准"功能区中，单击"粗车"命令 ，打开"线框串连"对话框，选择部分串连，拾取加工切入线，拾取加工切出线，单击确定 ，退出"线框串连"对话框，软件自动弹出"粗车"对话框，设置刀具参数和粗车参数。

② 在"刀具参数"页面，选择 35°、$R0.8$ 的外圆车刀，设置进给速率 0.3 毫米/转，切入进给速率 0.2 毫米/转。其余参数

图 5-36　车端面加工程序

可根据自己需求进行修改，如图 5-37 所示。修改无误后，切换至粗车参数窗口。

③ 在"粗车参数"页面，选择重叠量，轴向分层切削：等距步进；切削深度：1.2；X 预留量：0.4；Z 预留量：0.2；进入延伸量：1.0；补正方向：右；切削方式：单向；毛坯识别：剩余毛坯。切入/切出选择自动，切入参数设置允许双向垂直下刀，如图 5-38 所示。粗车参数设定完毕后，单击确定 ，退出"粗车"对话框，生成刀路加工轨迹，如图 5-39 所示。

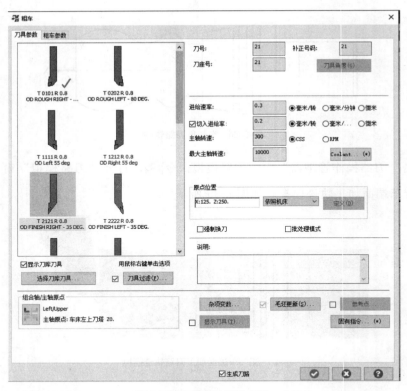

图 5-37 刀具参数设置（2）

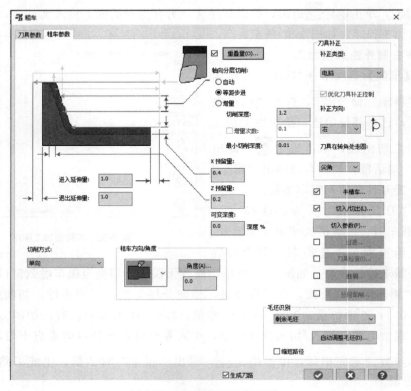

图 5-38 粗车参数设置（右侧）

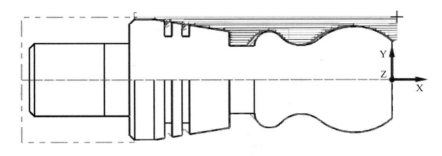

图 5-39　粗车加工刀路轨迹（右侧）

④ 单击"刀路操作管理器"中的刀路模拟命令 ，打开"刀路模拟"窗口，单击开始 ，进行粗车加工刀路轨迹模拟，如图 5-40 所示。

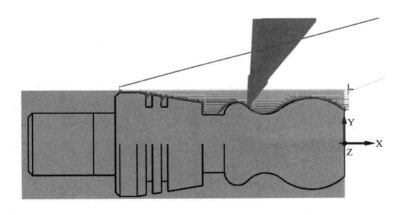

图 5-40　粗车加工刀路轨迹模拟（右侧）

5. 创建切槽加工刀路

① 在【车削】选项卡→"标准"功能区中，单击"沟槽"命令 ，打开"线框串连"对话框，选择部分串连，拾取加工切入线，拾取加工切出线，单击确定 ，退出"线框串连"对话框，软件自动弹出"沟槽粗车"对话框，设置刀具参数和沟槽粗车参数。

② 在"刀具参数"页面，双击圆角半径 $R0.3$、W3 的切槽车刀，打开"定义刀具"对话框，在"参数"页面，选择补正方式，设置相关参数。

③ 在"沟槽粗车参数"页面，切削方向选择"串连方向"，毛坯安全间隙：2.0，X 预留量：0.2，Z 预留量 0.1，轴向分层切削设置为"每次切深"2，如图 5-41 所示。

④ 在"沟槽精车参数"页面，设置精车次数 1，精车步进量 1.0，X 预留量 0.0；Z 预留量 0.0，电脑补正，如图 5-42 所示。

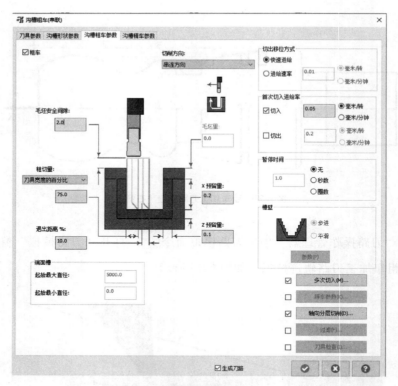

图 5-41　沟槽粗车参数设置（1）

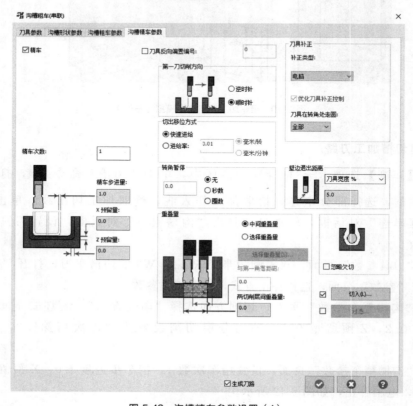

图 5-42　沟槽精车参数设置（1）

⑤ 沟槽粗精车参数设定完毕后，单击确定✅，退出"沟槽粗车"对话框，生成切槽加工刀路轨迹，同理，选择 $R0.1$、$W1.85$ 的切槽车刀，完成宽 3mm 的切槽加工刀路轨迹，如图 5-43 所示。

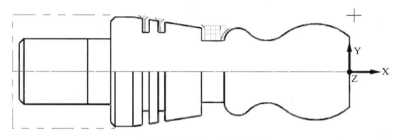

图 5-43 切槽加工刀路轨迹

⑥ 单击"刀路操作管理器"中的刀路模拟命令 ≋，打开"刀路模拟"窗口，单击开始 ▶，进行切槽加工刀路加工轨迹模拟，如图 5-44 所示。

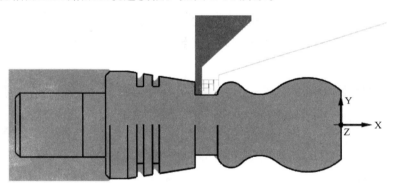

图 5-44 切槽加工刀路轨迹模拟

⑦ 单击"刀路操作管理器"中的后处理命令 G1，打开"后处理程序"对话框，程序扩展名为 .NC，单击确定✅退出，弹出程序文件另存为对话框，输入文件名，单击保存，输出切槽加工程序，如图 5-45 所示。

6. 工件调头加工

① 在【转换】选项卡→"位置分析"功能区中，单击"镜像"命令按钮 ⯗，弹出镜像对话框，Y 轴作为镜像轴，选择移动方式，选择镜像对象，单击零件右侧中心点，单击确定✅，完成零件轮廓线镜像。

② 在【转换】选项卡→"位置"功能区中，单击"移动到原点"命令 ⬈，单击零件右侧中心点，完成零件移动，如图 5-46 所示。

图 5-45 切槽加工程序（右侧）

7. 零件左侧外轮廓粗加工

① 在【车削】选项卡→"标准"功能区中，单击"粗车"命令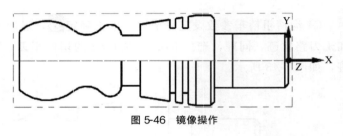，打开"线框串连"对话框，选择部分串连，拾取加工切入线，拾取加工切出线，

图 5-46　镜像操作

单击确定◎，退出"线框串连"对话框，软件自动弹出"粗车"对话框，设置刀具参数和粗车参数。

② 在"刀具参数"页面，选择 80°、$R0.8$ 的外圆车刀，设置进给速率 0.3 毫米/转，切入进给速率 0.2 毫米/转。其余参数可根据自己需求进行修改，修改无误后，切换至粗车参数窗口。

③ 在"粗车参数"页面，选择重叠量，轴向分层切削：等距步进；切削深度：2.0；X 预留量：0.2；Z 预留量：0.1；进入延伸量：2.0；补正方向：右；切削方式：单向；毛坯识别：剩余毛坯。切入/切出选择自动，如图 5-47 所示。粗车参数设定完毕后，单击确定◎，退出"粗车"对话框，生成刀路加工轨迹，如图 5-48 所示。

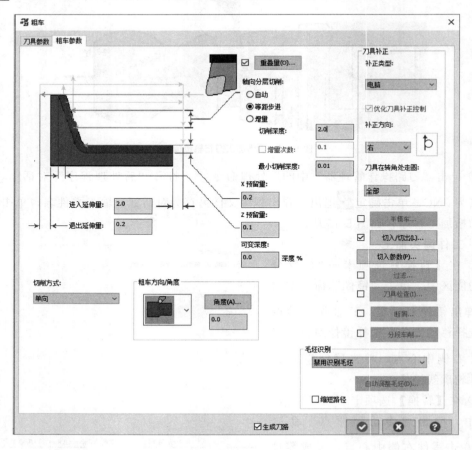

图 5-47　粗车参数设置（左侧）

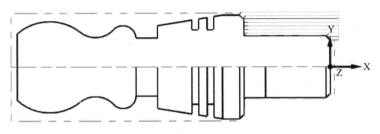

图 5-48　粗车加工刀路轨迹（左侧）

④ 单击"刀路操作管理器"中的刀路模拟命令 ，打开"刀路模拟"窗口，单击开始 ，进行粗车加工刀路轨迹模拟，如图 5-49 所示。

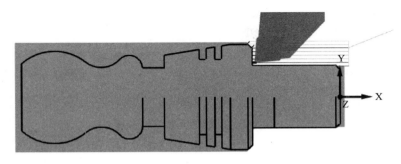

图 5-49　粗车加工刀路轨迹模拟（左侧）

⑤ 单击"刀路操作管理器"中的后处理命令 **G1**，打开"后处理程序"对话框，程序扩展名为 .NC，单击确定 退出，弹出程序文件另存为对话框，输入文件名，单击保存，输出外轮廓粗加工程序，如图 5-50 所示。

8. 螺纹加工

① 在【车削】选项卡→"标准"功能区中，单击"车螺纹"命令 ，打开"车螺纹"对话框，选择螺纹车刀，设置刀具参数、螺纹外形参数和螺纹切削参数。

② 在"刀具参数"页面，双击圆角半径 $R0.1$ 外螺纹车刀，打开"定义刀具"对话框，在"刀片"页面，在刀片图形中设置刀片长度 C2，在"刀具参数"页面，设置刀号 4，主轴转速 520，设置相关参数，如图 5-51 所示。

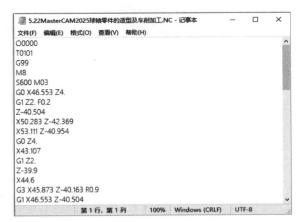

图 5-50　外轮廓粗加工程序

③ 在"螺纹外形参数"页面，设置导程 2.0，牙型角度 60.0，单击"运用公式计算"，输入导程 2，螺纹大径 30，自动计算出小径和螺纹牙深。结束位置 −30.0，如图 5-52 所示。

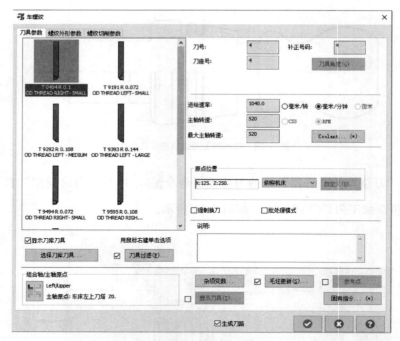

图 5-51　刀具参数设置（3）

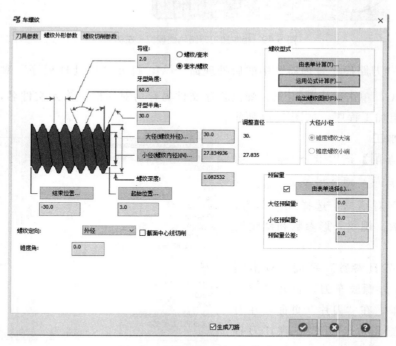

图 5-52　螺纹外形参数设置（1）

④ 在"螺纹切削参数"页面，选择 NC 代码格式为螺纹车削（G32），切削深度方式：相等切削量；首次切削量：0.25；最后一刀切削量：0.05；毛坯安全间隙：5.0；退刀量：0.0；切入加速间隙：2.0；切入角度：29.0，如图 5-53 所示。参数设置完成后，单击确定，退出"车螺纹"对话框，生成螺纹加工刀路轨迹，如图 5-54 所示。

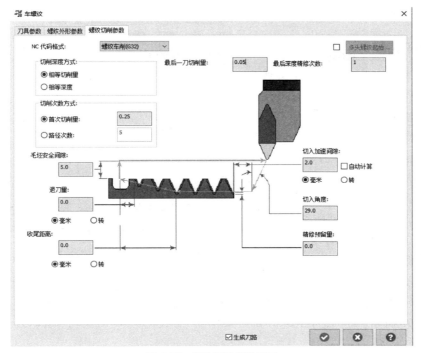

图 5-53　螺纹切削参数设置

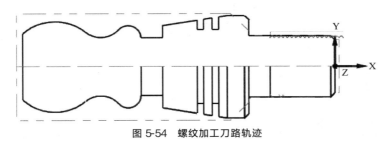

图 5-54　螺纹加工刀路轨迹

⑤ 单击 "刀路操作管理器" 中的刀路模拟命令 ≋，打开 "刀路模拟" 窗口，单击开始 ▶，进行螺纹加工刀路轨迹模拟，如图 5-55 所示。

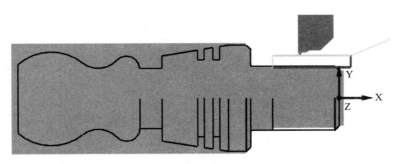

图 5-55　螺纹加工刀路轨迹模拟

⑥ 单击 "刀路操作管理器" 中的后处理命令 G1，打开 "后处理程序" 对话框，程序扩展名为 .NC，单击确定 ◎ 退出，弹出程序文件另存为对话框，输入文件名，单击保存，

输出螺纹加工程序，如图 5-56 所示。

四、知识拓展

在数控车削加工过程中经常会遇到细长轴类零件，此类零件因为长度尺寸比较大，在切削力、重力和顶尖顶紧力的作用下，横置的细长轴很容易弯曲甚至失稳。Mastercam 软件为解决此类问题，在编程方面提供了"分段车削"功能，分段车削可有效增强刀路的可控性、稳定性，让工件尽可能保持刚性，有效提高粗车效率；另外分段车削开

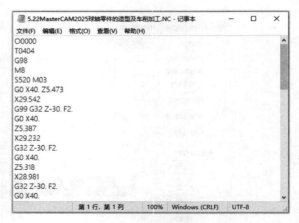

图 5-56　螺纹加工程序

粗，它会根据设置按每一小段进行逐层加工，这样会每段加工完成后，再继续第二段加工，保证每段下刀在工件外面，从而有效保护刀具。具体实操步骤如下。

启用"分段车削"功能。在"粗车参数"页面，选择分段车削，弹出分段车削对话框，如图 5-57 所示。

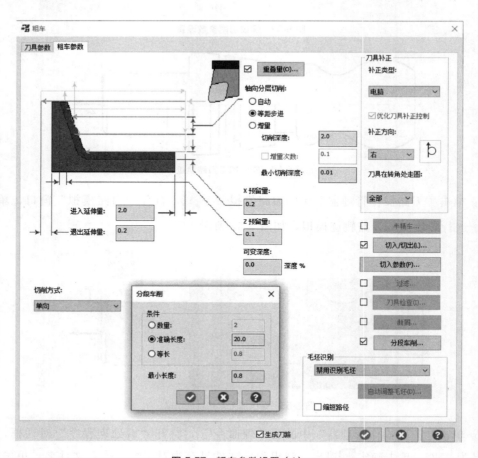

图 5-57　粗车参数设置（1）

Mastercam 不仅提供三种分段设置条件（"数量""准确长度""等长"），还设定了"最小长度"控制参数。在实际应用时应根据加工情况进行合理选择。

任务三　复杂曲面轴零件的造型及车削加工

一、任务导入

编制车削图 5-58 所示复杂曲面轴零件的加工程序，零件毛坯为 $\phi45$mm 铝棒。抛物线方程：$Y(t)=t$，$X(t)=(t^2/16)$。

二、任务分析

图 5-58 曲面轴零件图是含有外圆柱面、外椭圆面、外抛物面的轴类零件，主要运用直线、矩形、函数插件等功能绘制。本任务主要通过绘制曲面轴类零件图，来学习椭圆、抛物线的绘制方法，以及矩形、分割、旋转和粗车精车等功能的用法。通过对该零件的结构要素进行分析，确定了该零件的加工方案为车右端面→粗车右端外圆面→精车右端外圆面→切断。

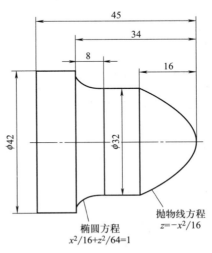

图 5-58　曲面轴零件图

三、任务实施

1. 创建模型

① 在【主页】选项卡→"加载项"功能区中，单击"运行加载项"命令按钮 ⚙，弹出插件对话框，选择函数插件 fplot.dll，单击"打开［O］"，然后在弹出函数程序对话框中检索 EQN 后缀文件，可以看到多个 EQN 文件，包含曲面和曲线，我们拿 SINE.EQN 来进行更改，当然也可以自己新建，单击"打开［O］"，进入函数绘图功能工作界面，如图 5-59 所示。

② 单击"编辑程序"，打开"编辑程序"对话框，如图 5-60 所示。默认采用记事本编辑器打开程序文本，当记事本编辑器未关闭时，无法进行其他操作。按照抛物线方程及尺寸大小，修改程序，如图 5-60 所示。然后另存为 EQN 格式文本文件。

③ 在"函数绘图"对话框中，点击【线】，选择参数式曲线，点击【绘制】，软件根据参数定义画出抛物线，如图 5-61 所示。

④ 在【转换】选项卡→"位置分析"功能区中，单击"旋转"命令按钮 ⤵，弹出"旋转"对话框，输入角度 90，选择旋转对象抛物线，单击坐标中心原点，单击确定 ✅，完成抛物线旋转，如图 5-62 所示。

⑤ 在【线框】选项卡→"形状"功能区中，单击"矩形"命令按钮 ▭，选择圆角矩

图 5-59　函数绘图对话框

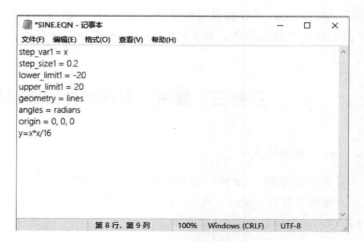

图 5-60　编辑程序对话框

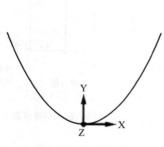

图 5-61　绘制抛物线

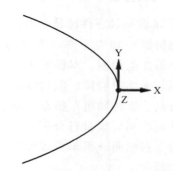

图 5-62　旋转抛物线

形命令，打开矩形对话框，［原点］选择右侧中点，输入宽度 10、高度 32。输入坐标（-16，0），单击确定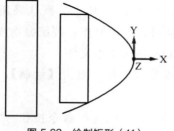，完成矩形绘制，同理，在坐标（-34，0）位置绘制宽度 11、高度 42 的矩形，如图 5-63 所示。

⑥ 在【线框】选项卡→"形状"功能区中，单击"矩形"下的椭圆命令 ⬭，输入椭圆基准点坐标（-26，20），输入椭圆长半轴 8，输入椭圆短半轴 4，输入起始角度 180，输入结束角度 270，单击确定✓，完成椭圆弧绘制，如图 5-64 所示。

图 5-63　绘制矩形（11）

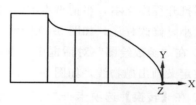

图 5-64　绘制椭圆弧

⑦ 在【线框】选项卡→"修剪"功能区中，单击"分割"命令按钮 ✕，单击不需要的线删除，完成轮廓线修剪，如图 5-65 所示。

⑧ 在【实体】选项卡→"创建"功能区中，单击"旋转"命令，弹出"旋转实体"对话框，串连拾取主体外形轮廓，单击拾取水平中线作为旋转轴，单击确定，完成主体的实体模型创建，如图 5-66 所示。

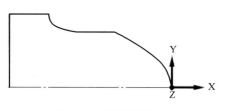

图 5-65　零件草图轮廓

图 5-66　创建实体

2. 车右端面

① 在【车削】选项卡→"标准"功能区中，单击"车端面"命令，打开"车端面"对话框，在"刀具参数"页面，选择 $R0.8$、$80°$外圆车刀，设置进给速率等参数。

② 在"车端面参数"页面，设置进刀量：2.0，粗车步进量：1.0，精车步进量：0.25，重叠量：0.0，退刀延伸量：2.0，如图 5-67 所示。参数设置完成后，单击确定，退出"车端面"对话框，生成车端面加工刀路轨迹，如图 5-68 所示。

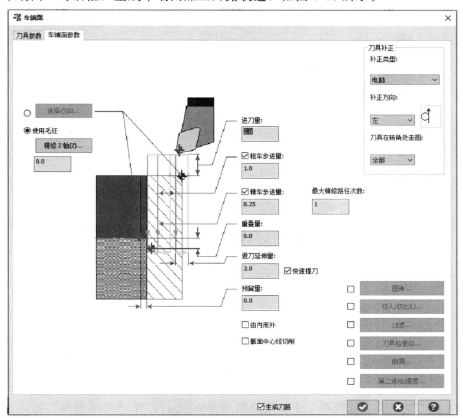

图 5-67　车端面参数设置

3. 外轮廓粗加工

① 在【车削】选项卡→"标准"功能区中，单击"粗车"命令 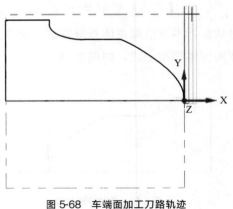，打开"线框串连"对话框，选择部分串连，拾取加工切入线，拾取加工切出线，单击确定 ⊘，退出"线框串连"对话框，软件自动弹出"粗车"对话框，如图 5-69 所示。

② 在"刀具参数"页面，选择 $80°$、$R0.8$ 的外圆车刀，设置进给速率 0.2 毫米/转，切入进给速率 0.1 毫米/转。

图 5-68　车端面加工刀路轨迹

③ 在"粗车参数"页面，选择重叠量，轴向分层切削：等距步进；切削深度：1.0；X 预留量：0.2；Z 预留量：0.1；进入延伸量：2.0；补正方向：右；切削方式：单向；毛坯识别：剩余毛坯，如图 5-69 所示。参数设置完成后，单击确定 ⊘，退出"粗车"对话框，生成粗车加工刀路轨迹，如图 5-70 所示。

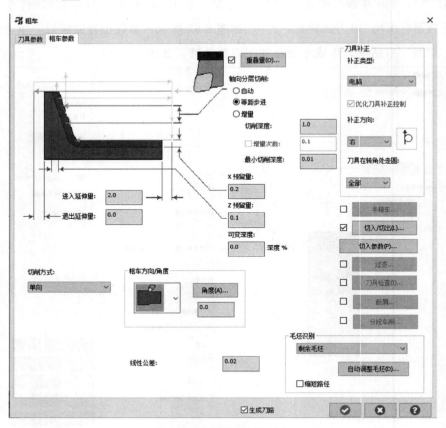

图 5-69　粗车参数设置（2）

④ 单击"刀路操作管理器"中的刀路模拟命令 〰，打开"刀路模拟"窗口，单击开始 ▶，进行粗车加工刀路轨迹模拟，如图 5-71 所示。

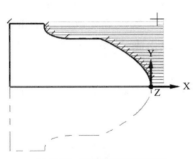

图 5-70　粗车刀路加工轨迹

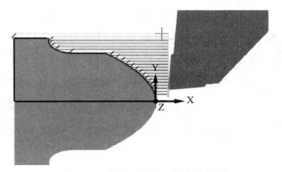

图 5-71　粗车刀路加工轨迹模拟

4. 外轮廓精加工

① 在【车削】选项卡→"标准"功能区中，单击"精车"命令，打开"线框串连"对话框，选择部分串连，拾取加工切入线，拾取加工切出线，单击确定，退出"线框串连"对话框，软件自动弹出"精车"对话框，设置刀具参数和精车参数。

② 在"刀具参数"页面，选择 $35°$、圆角半径 $R0.4$ 的外圆车刀，设置进给速率 0.1 毫米/转，主轴转速 800。换刀点位置可选择用户定义，修改无误后，切换至精车参数窗口。

③ 在"精车参数"页面，设置精车步进量 0.3；X 预留量：0.0；Z 预留量：0.0；精车次数 1；刀具在转角处走圆：无。如图 5-72 所示。

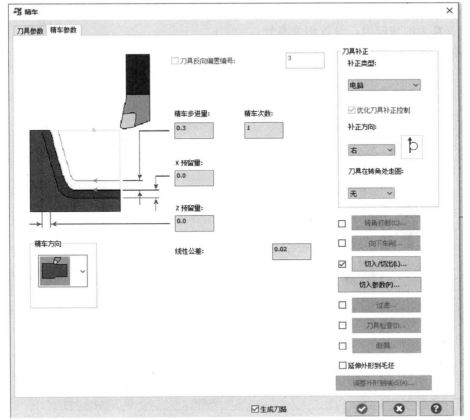

图 5-72　精车参数设置

④ 单击"切入/切出",打开"进/退刀设置"对话框,在"进刀"页面,进入向量选择相切。在"退刀"页面,退刀向量选择相切,进/退刀设置参数设置完成后,单击确定 ⊙,退出"进/退刀设置"对话框。精车参数设定完毕后,单击确定 ⊙,退出"精车"对话框,生成精加工刀路轨迹,如图 5-73 所示。

⑤ 单击"刀路操作管理器"中的刀路模拟命令 ≋,打开"刀路模拟"窗口,单击开始 ▶,进行精车加工刀路轨迹模拟,如图 5-74 所示。

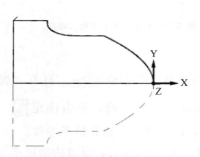

图 5-73 精车加工刀路轨迹

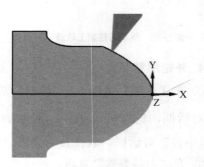

图 5-74 精车加工刀路轨迹模拟

5. 切断

① 在【车削】选项卡→"标准"功能区中,单击"切断"命令 ▮▮,选择刀断点边界,单击零件左端上交点,软件自动弹出"车削切断"对话框,设置刀具参数和切断参数。选择 $R0.3$、宽 4 的切断刀,设置相关参数。

② 在"切断参数"页面,设置进入延伸量:2.0,X 相切位置:-1,切入/切出角度:-90°,如图 5-75 所示。

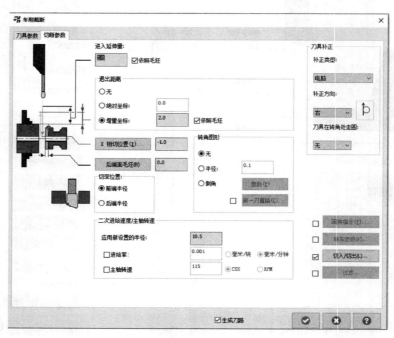

图 5-75 切断参数设置

③ 切断参数设定完毕后，单击确定 ，退出"车削切断"对话框，生成切断加工刀路轨迹，如图 5-76 所示。

④ 单击"刀路操作管理器"中的刀路模拟命令 ，打开"刀路模拟"窗口，单击开始 ，进行切断加工刀路轨迹模拟，如图 5-77 所示。

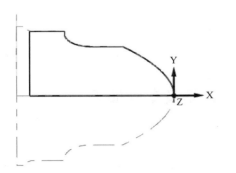

图 5-76　切断加工刀路轨迹

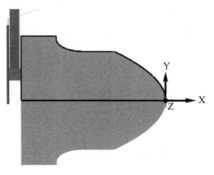

图 5-77　切断加工刀路轨迹模拟

⑤ 单击"刀路操作管理器"中的后处理命令 ，打开"后处理程序"对话框，程序扩展名为 .NC，单击确定 退出，弹出程序文件另存为对话框，输入文件名，单击保存，输出切断加工程序，如图 5-78 所示。

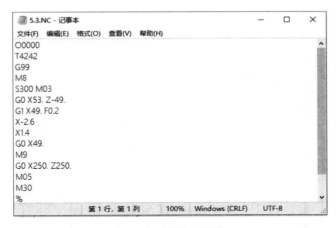

图 5-78　切断加工程序

四、知识拓展

进入延伸量：进刀前的安全距离。

退出距离：加工完退出的距离。

X 相切位置：指定 X 的切深位置（需要切断的一般为负值或 0）。

毛坯背面：控制刀具切断的位置（根据需求算上刀具的宽度）。

切深位置：选择以刀粒的前端或后端作为切断的依据（影响切断深度）。

二次进给速度/主轴转速：可以设置新的半径范围，改变进给和转速（如零件从 $\Phi 30$ 开始切断，转速为 S800，进给速度为 0.05mm/r，设置新的半径为 $\Phi 10$，转速为 S1000，进给速度为 0.04mm/r，当零件切到 Φ20 的时候，就会执行新的转速与进给）。

转角图形：切断的进刀方式。

插入指令：根据个人需求，可以任意添加新的代码指令。

啄车参数：每加工完一次退一次刀。

切入/切出：进刀时，避免刀具直接碰撞零件，退刀时，同样也要避免刀具碰撞零件，在加工中占据重要地位。

过滤：对公差或圆弧参数有特殊要求时进行设置。

任务四　数控大赛零件的造型及车削加工

一、任务导入

Mastercam 软件作为世界技能大赛数控加工（车、铣）项目、塑料模具工程项目、制造团队挑战赛项目唯一的指定软件平台，在全球有着最为广泛的企业用户基础和粉丝社群。其易学、易用、加工高效的特点再次在大赛选手运用中得到验证。本任务主要通过数控大赛中的零件设计（图 5-79、图 5-80）与车削加工实例来学习 Mastercam 数控车削综合加工编程方法。

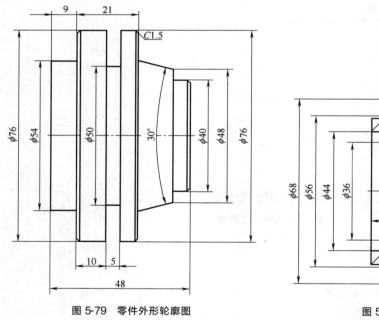

图 5-79　零件外形轮廓图

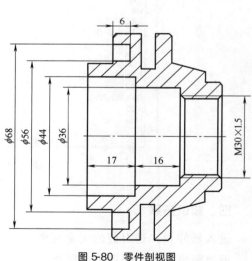

图 5-80　零件剖视图

二、任务分析

该零件由圆柱、圆锥、沟槽和螺纹等要素组成，结构较为复杂。该零件不能一次装夹完成加工，须调头进行二次装夹。通过对该零件的结构要素进行分析，确定该零件的加工方案为：先加工左端，再加工右端。车左端面→粗车左端外圆面→粗车左端内圆面→精车外轮廓→精车内轮廓→沟槽粗加工。调头加工右端，车右端面→粗车右端外圆面→精车右端外圆面→内螺纹加工。

三、任务实施

1. 创建模型

① 在【线框】选项卡→"绘线"功能区中，单击"线端点"命令 ╱，按照零件图要求绘制外形轮廓线，如图 5-81 所示。

② 在【线框】选项卡→"绘线"功能区中，单击"线端点"命令 ╱，按照零件图要求绘制内轮廓线，如图 5-82 所示。

③ 在【线框】选项卡→"修剪"功能区中，单击"倒角"命令 ╱，输入倒角距离 1，单击需要倒角的线，单击确定 ✅，完成倒角绘制。

④ 在【转换】选项卡→"位置"功能区中，单击"镜像"命令 ╣Ｅ，单击需要镜像的线，单击确定 ✅，完成下部分图形绘制，如图 5-82 所示。

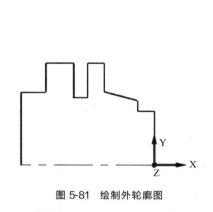

图 5-81 绘制外轮廓图

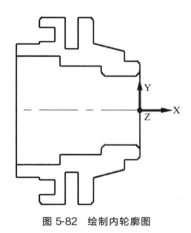

图 5-82 绘制内轮廓图

2. 创建毛坯

单击"机床群组"中的 ● 毛坯设置，打开"机床群组属性"对话框，在"毛坯设置"页面，选择左侧主轴，单击"参数"，打开"机床组件管理-毛坯"对话框，如图 5-83 所示。输入外径 80.0、内径 25.0、长度 50.0、轴向位置 Z：2.0，单击确定 ✅ 退出，完成圆柱毛坯创建，如图 5-84 所示。

3. 左侧端面车削

① 在【车削】选项卡→"标准"功能区中，单击"车端面"命令 ╟┃，打开"车端面"对话框，在"刀具参数"页面，选择 $R0.8$、80°的外圆车刀，设置进给速率等参数，主轴转速 800，选择 RPM 恒转速。

② 在"车端面"页面，设置进刀量：2.0，粗车步进量：1.0，精车步进量：0.25，重叠量：0.0，退刀延伸量：2.0，如图 5-86 所示。参数设置完成后，单击确定 ✅，退出"车端面"对话框，生成车端面加工轨迹，如图 5-85 所示。

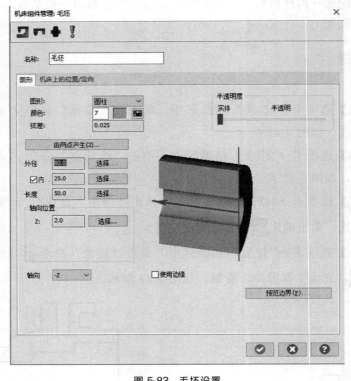

图 5-83　毛坯设置

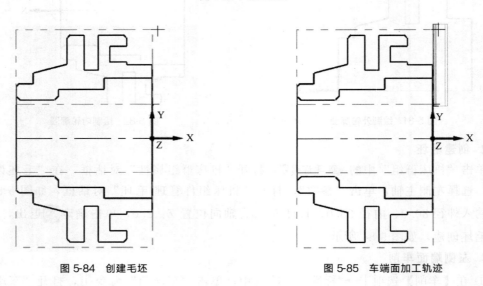

图 5-84　创建毛坯　　　　　　　　图 5-85　车端面加工轨迹

4. 左端外轮廓粗车

① 在【车削】选项卡→"标准"功能区中，单击"粗车"命令，打开"线框串连"对话框，选择部分串连，拾取加工切入线，拾取加工切出线，单击确定，退出"线框串连"对话框，软件自动弹出"粗车"对话框，设置刀具参数和粗车参数。

② 在"刀具参数"页面，选择 $R0.8$、93°的外圆车刀，设置进给速率 0.25 毫米/转，切入进给速率 0.1 毫米/转，主轴转速 500。其余参数可根据自己需求进行修改；修改无

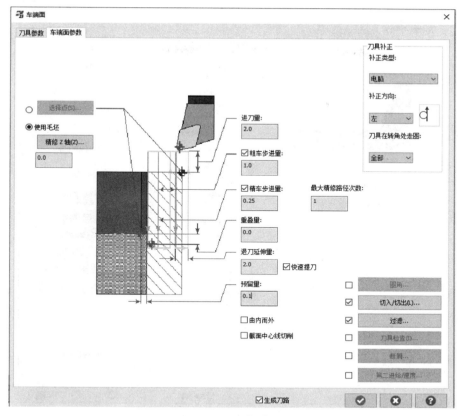

图 5-86 车端面参数设置

误后，切换至粗车参数窗口。

③ 在"粗车参数"页面，选择重叠量，轴向分层切削：等距步进；切削深度：1.5；X 预留量：0.1；Z 预留量：0.1；进入延伸量：1.0；补正方向：右；切削方式：单向；毛坯识别：剩余毛坯，如图 5-87 所示。

④ 单击"切入切出"，选择"自动计算进刀向量"，设置最小进刀向量 2.0，单击"切入参数"，选择第一种切入方式。粗车参数设定完毕后，单击确定 ✅，退出"粗车"对话框，生成粗车加工刀路轨迹，如图 5-88 所示。

⑤ 单击"刀路操作管理器"中的刀路实体仿真模拟命令 📷，打开"实体仿真"窗口，单击开始 ▶，进行外轮廓粗车加工轨迹模拟，如图 5-89 所示。

5. 内轮廓粗加工

① 在【车削】选项卡→"标准"功能区中，单击"粗车"命令 ◣，打开"线框串连"对话框，选择部分串连，拾取加工切入线，拾取加工切出线，单击确定 ✅，退出"线框串连"对话框，软件自动弹出"粗车"对话框，设置刀具参数和粗车参数。

② 在"刀具参数"页面，选择 $R0.8$、80°的内轮廓车刀，设置进给速率 0.25 毫米/转，切入进给速率 0.1 毫米/转。其余参数可根据自己需求进行修改；修改无误后，切换至粗车参数窗口。

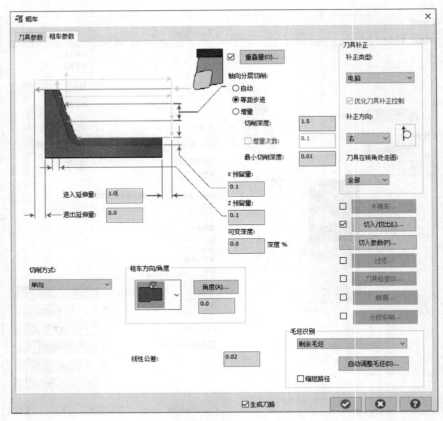

图 5-87　粗车参数设置（3）

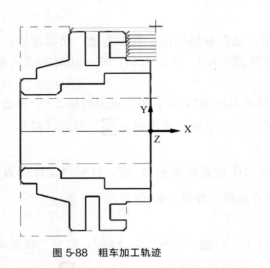

图 5-88　粗车加工轨迹

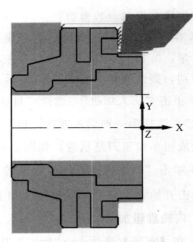

图 5-89　粗车加工轨迹模拟

③ 在"粗车参数"页面，选择重叠量，轴向分层切削：等距步进；切削深度：1.5；X 预留量：0.1；Z 预留量：0.1；进入延伸量：1.0；补正方向：右；切削方式：单向；毛坯识别：剩余毛坯，如图 5-90 所示。

④ 单击"切入切出"，选择"自动计算进刀向量"，设置最小进刀向量2.0，单击"切入参数"，选择第二种切入方式，粗车参数设定完毕后，单击确定 ✓，退出"粗车"对话

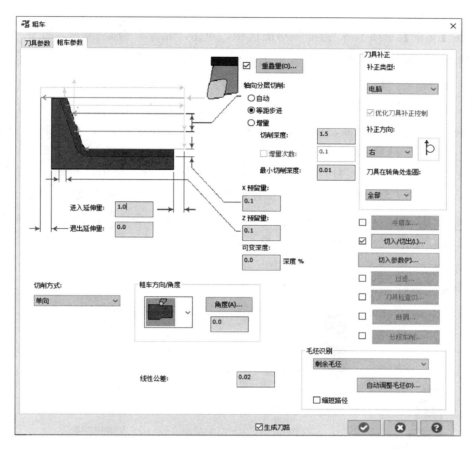

图 5-90　内轮廓粗车参数设置

框，生成内轮廓粗车加工刀路轨迹，如图 5-91 所示。

⑤ 单击"刀路操作管理器"中的刀路实体仿真模拟命令 ，打开"实体仿真"窗口，单击开始 ，进行内轮廓粗车加工轨迹模拟，如图 5-92 所示。

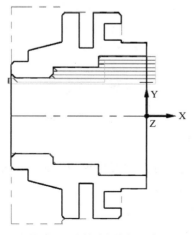

图 5-91　内轮廓粗车加工轨迹

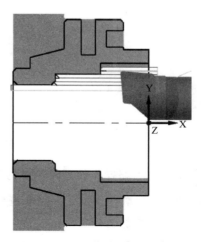

图 5-92　内轮廓粗车加工轨迹模拟

6. 内轮廓精加工

① 在【车削】选项卡→"标准"功能区中，单击"精车"命令 ，打开"线框串连"对话框，选择部分串连，拾取加工内轮廓线，单击确定 ，退出"线框串连"对话框，软件自动弹出"精车"对话框，选择 $R0.4$、$35°$的内轮廓车刀，设置进给速率 0.25 毫米/转，选择补正方式 。单击设置刀具，选择水平及相反刀具方向。

② 在"精车参数"页面，设置精车步进量 1.0；X 预留量：0.0；Z 预留量：0.0；精车次数 1，如图 5-93 所示。

③单击"切入/切出"，打开"进/退刀设置"对话框，在"进刀"页面，设置进刀延伸量 0.5。在"退刀"页面，设置退刀延伸量 2，进/退刀参数设置完成后，单击确定 ，退出"进/退刀设置"对话框。精车参数设定完毕后，单击确定 ，退出"精车"对话框，生成内轮廓精车加工刀路轨迹，如图 5-94 所示。

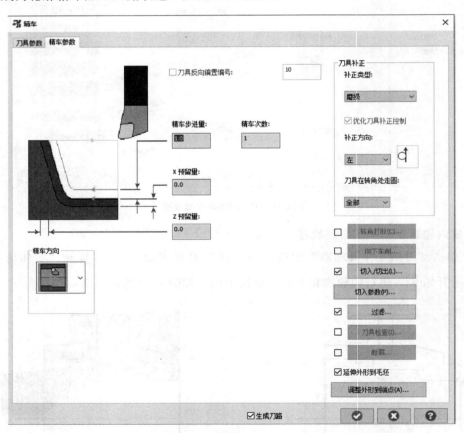

图 5-93　精车参数设置

④ 单击"刀路操作管理器"中的刀路模拟命令 ，打开"刀路模拟"窗口，单击开始 ，进行内轮廓精车加工刀路轨迹模拟，如图 5-95 所示。

7. 端面沟槽加工

① 在【车削】选项卡→"标准"功能区中，单击"沟槽"命令 ，打开"线框串连"

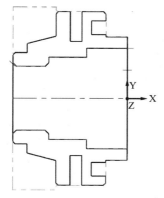

图 5-94　内轮廓精车加工刀路轨迹

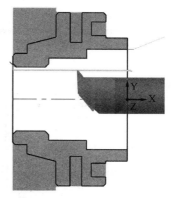

图 5-95　内轮廓精车加工刀路轨迹模拟

对话框，选择部分串连，拾取加工切入线，拾取加工切出线，单击确定 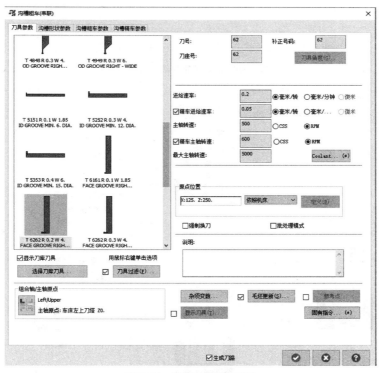，退出"线框串连"对话框，软件自动弹出"沟槽粗车"对话框，设置刀具参数和沟槽粗车参数。

② 在"刀具参数"页面，双击圆角半径 $R0.2$、W4 的端面切槽车刀，打开"定义刀具"对话框，在"参数"页面，选择补正方式，设置相关参数，如图 5-96 所示。

图 5-96　沟槽刀具参数设置

③ 在"沟槽粗车参数"页面，切削方向选择"负向"，毛坯安全间隙：2.0，X 预留量：0.1，Z 预留量 0.1，啄车参数深 2、退 0.3，如图 5-97 所示。

④ 在"沟槽精车参数"页面，设置精车次数：1，精车步进量：2.0，X 预留量：0.0；Z 预留量：0.0，补正类型：磨损，如图 5-98 所示。单击"切入"，设置第一个路径切入角度 180°，长 0.5，如图 5-99 所示。

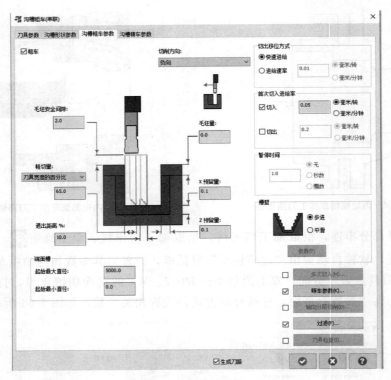

图 5-97　沟槽粗车参数设置（2）

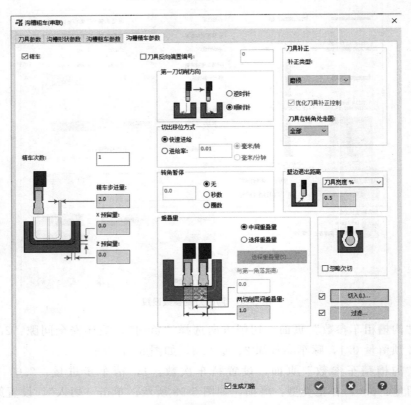

图 5-98　沟槽精车参数设置（2）

图 5-99　切入参数设置

⑤ 沟槽粗精车参数设定完毕后，单击确定 ✔，退出"沟槽粗车"对话框，生成端面槽加工刀路轨迹，如图 5-100 所示。

⑥ 单击"刀路操作管理器"中的刀路模拟命令 ≋，打开"刀路模拟"窗口，单击开始 ▶，进行端面槽刀路加工轨迹模拟，如图 5-101 所示。

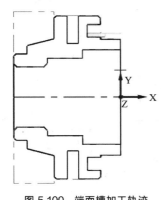

图 5-100　端面槽加工轨迹

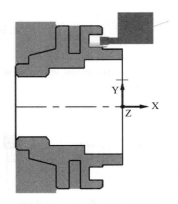

图 5-101　端面槽加工轨迹模拟

8. 外圆沟槽加工

① 在【车削】选项卡→"标准"功能区中，单击"沟槽"命令 ▥，打开"线框串连"对话框，选择部分串连，拾取加工切入线，拾取加工切出线，单击确定 ✔，退出"线框串连"对话框，软件自动弹出"沟槽粗车"对话框，设置刀具参数和沟槽粗车参数。

② 在"刀具参数"页面，双击圆角半径 $R0.2$、W3 的外圆切槽车刀，打开"定义刀具"对话框，刀杆参数 C 设为 16，在"参数"页面，选择补正方式，设置相关参数，如图 5-102 所示。

③ 在"沟槽粗车参数"页面，切削方向选择"负向"，毛坯安全间隙：2.0，X 预留量：0.2，Z 预留量 0.2，如图 5-103 所示。

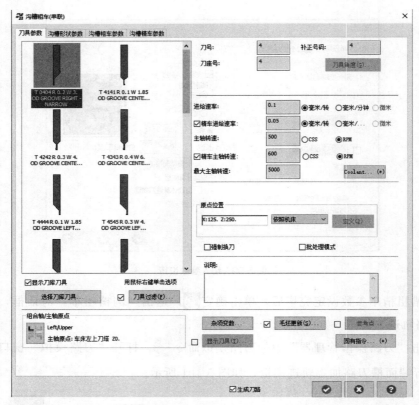

图 5-102　刀具参数设置（4）

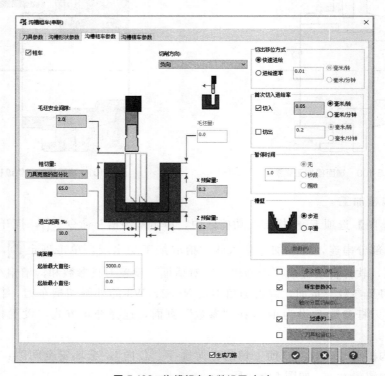

图 5-103　沟槽粗车参数设置（3）

④ 在"沟槽精车参数"页面，设置精车次数：1，精车步进量：2.0，X 预留量：0.0；Z 预留量：0.0，补正类型：磨损，如图 5-104 所示。单击"切入"，在设置第一个路径中，进入向量选择相切，长度 2。

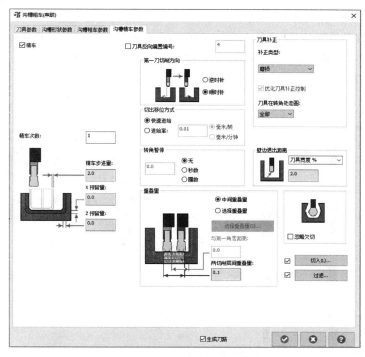

图 5-104　沟槽精车参数设置（3）

⑤ 沟槽粗精车参数设定完毕后，单击确定 ⊘，退出"沟槽粗车"对话框，生成切槽加工刀路轨迹，如图 5-105 所示。

⑥ 单击"刀路操作管理器"中的刀路模拟命令 ≋，打开"刀路模拟"窗口，单击开始 ▶，进行切槽加工刀路轨迹模拟，如图 5-106 所示。

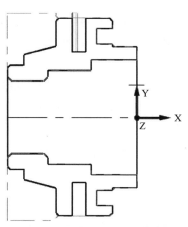

图 5-105　切槽加工刀路轨迹

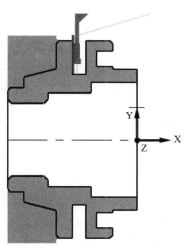

图 5-106　切槽加工刀路轨迹模拟

9. 右侧外轮廓粗加工

① 在【车削】选项卡→"标准"功能区中，单击"粗车"命令 ，打开"线框串连"对话框，选择部分串连，拾取加工切入线，拾取加工切出线，单击确定 ，退出"线框串连"对话框，软件自动弹出"粗车"对话框，设置刀具参数和粗车参数。

② 在"刀具参数"页面，选择80°、$R0.8$的外圆车刀，设置进给速率0.25毫米/转，切入进给速率0.1毫米/转。其余参数可根据自己需求进行修改，如图5-107所示，修改无误后，切换至粗车参数窗口。

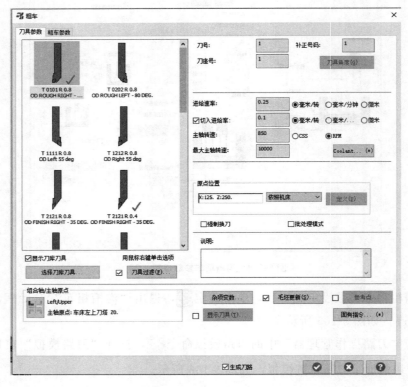

图5-107　刀具参数设置（5）

③ 在"粗车参数"页面，选择重叠量，轴向分层切削：等距步进；切削深度：1.5；X预留量：0.2；Z预留量：0.1；进入延伸量：2.0；补正方向：右；切削方式：单向；毛坯识别：剩余毛坯，如图5-108所示。

④ 单击"切入切出"，进刀延长1，进入向量角度45°，长度2，退刀向量角度45°，长度2。粗车参数设定完毕后，单击确定 ，退出"粗车"对话框，生成粗车加工刀路轨迹，如图5-109所示。

⑤ 单击"刀路操作管理器"中的刀路模拟命令 ，打开"刀路模拟"窗口，单击开始 ，进行粗车刀路加工轨迹模拟，如图5-110所示。

10. 右侧外轮廓精加工

① 在【车削】选项卡→"标准"功能区中，单击"精车"命令 ，打开"线框串

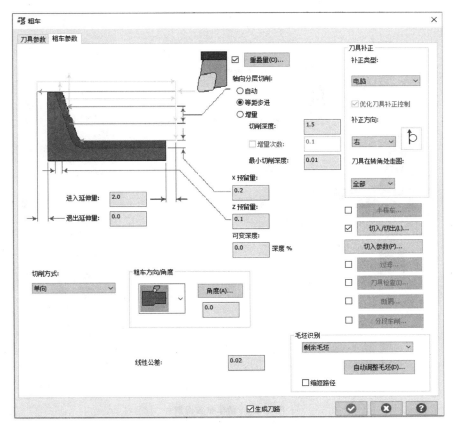

图 5-108 沟槽粗车参数设置（4）

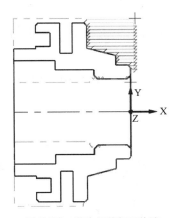

图 5-109 粗车刀路加工轨迹

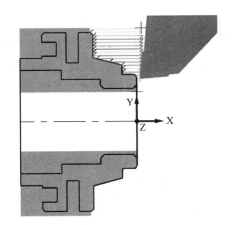

图 5-110 粗车刀路加工轨迹模拟

连"对话框，选择部分串连，拾取加工切入线，拾取加工切出线，单击确定 ，退出"线框串连"对话框，软件自动弹出"精车"对话框，设置刀具参数和精车参数。

② 在"刀具参数"页面，选择 35°、圆角半径 R0.4 的外圆车刀，设置进给速率 0.1 毫米/转、主轴转速 800。换刀点位置可选择用户定义，修改无误后，切换至精车参数窗口。

③ 在"精车参数"页面，设置精车步进量：2.0；X 预留量：0.0；Z 预留量：0.0；精车次数 1；刀具在转角处走圆：全部，如图 5-111 所示。

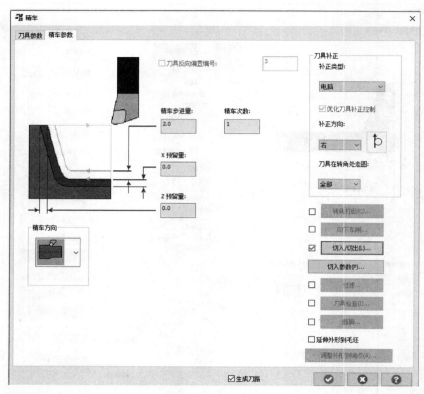

图 5-111　精车参数设置

④ 单击"切入/切出"，打开"进/退刀设置"对话框，在"进刀"页面，进入向量 135°长度 2。在"退刀"页面，退刀向量 45°，长度 2。进/退刀参数设置完成后，单击确定 ⊘，退出"进/退刀设置"对话框。精车参数设定完毕后，单击确定 ⊘，退出"精车"对话框，生成精加工刀路轨迹，如图 5-112 所示。

⑤ 单击"刀路操作管理器"中的刀路模拟命令 ≋，打开"刀路模拟"窗口，单击开始 ▶，进行精车加工刀路轨迹模拟，如图 5-113 所示。

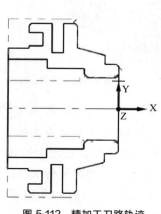

图 5-112　精加工刀路轨迹

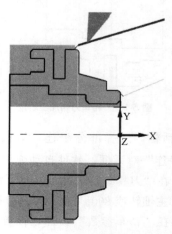

图 5-113　精加工刀路轨迹模拟

11. 内螺纹加工

① 在【车削】选项卡→"标准"功能区中，单击"车螺纹"命令 ，打开"车螺纹"对话框，选择螺纹车刀，设置刀具参数、螺纹外形参数和螺纹切削参数。

② 在"刀具参数"页面，选择圆角半径 $R0.08$ 的内螺纹车刀，打开"定义刀具"对话框，设置刀号 4、主轴转速 500，设置相关参数。

③ 在"螺纹外形参数"页面，设置导程：1.5，牙型角度：60.0，单击"运用公式计算"，输入导程 1.5，螺纹大径 30.0，自动计算出小径和螺纹牙深。结束位置 −16.0，如图 5-114 所示。

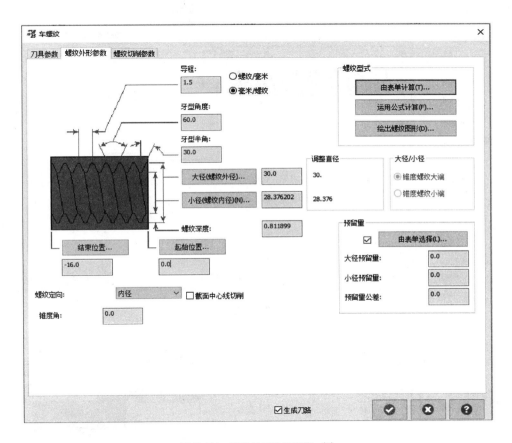

图 5-114　螺纹外形参数设置（2）

④ 在"螺纹切削参数"页面，选择 NC 代码格式为螺纹固定循环（G92）车削，切削深度方式：相等切削量；首次切削量：0.25；最后一刀切削量：0.05；毛坯安全间隙：2.0；退刀量：1.0；切入加速间隙：2.0；切入角度：29.0，如图 5-115 所示。参数设置完成后，单击确定 ，退出"车螺纹"对话框，生成螺纹加工刀路轨迹，如图 5-116 所示。

⑤ 单击"刀路操作管理器"中的刀路模拟命令 ，打开"刀路模拟"窗口，单击开始 ，进行螺纹加工刀路轨迹模拟，如图 5-117 所示。

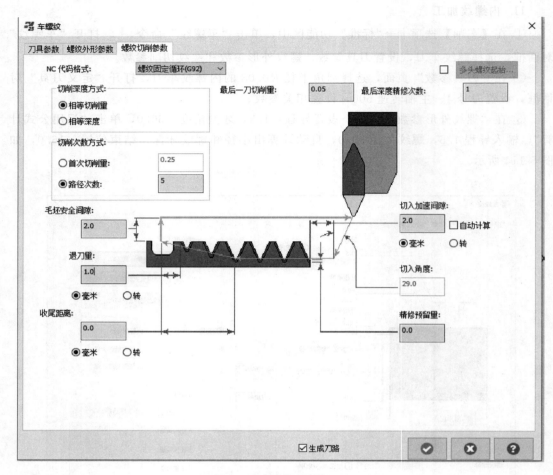

图 5-115　螺纹切削参数设置

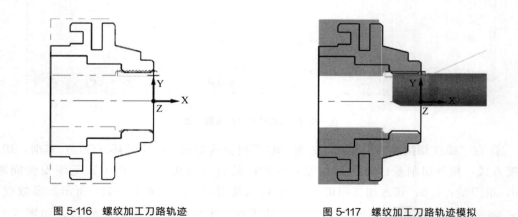

图 5-116　螺纹加工刀路轨迹　　　　　图 5-117　螺纹加工刀路轨迹模拟

⑥ 单击"刀路操作管理器"中的后处理命令**G1**，打开"后处理程序"对话框，程序扩展名为 .NC，单击确定 ✅ 退出，弹出程序文件另存为对话框，输入文件名，单击保存，输出内螺纹加工程序，如图 5-118 所示。

图 5-118　内螺纹加工程序

四、知识拓展

车削加工中的"切入与切出"设置注意：在刀路编辑过程中，常出现刀具以 G0 或不可切削区域与毛坯发生了碰撞或过切的报警，这是因为切入刀路而引发的，这一报警则可以通过进退刀圆弧，使切入切出刀路进行一定形式的延伸，该方法可有效地避免在各种情况下的刀具切入毛坯问题的产生。

例如以生成 45°、半径为 1mm 的进刀圆弧为例，重新生成的刀路，通过对比，在启用"切入、切出"圆弧时，在避免刀路出现干涉报警的同时，使刀具以一种更加顺滑的方式切入零件，降低刀具在切入时的切削力冲击，可有效地保护刀具并提高刀具使用寿命。

在"切入与切出"对话框中，"延伸"和"添加线"功能改变的是刀路参考的轮廓，它将对刀路的整体进行影响，而"向量"和"圆弧"功能针对的是每一刀切削的切入、切出控制。"圆弧"功能是针对每一刀的切入或切出时产生一个相切的圆弧刀路后切入、退出工件，该功能在粗加工中的优势是以渐进圆弧的方式切入工件，减少了切入过程中材料对刀具后刀面的负载，同时，使切削力平滑地递增以减少刀具受切削力的冲击，提高粗加工使用寿命。而该功能在精加工中的优势是以圆滑过渡的方式切入轮廓，使其顺滑地完成与上一个加工面的衔接，或减少刀具在曲面中的切入角，达到减少毛刺、弱化接刀痕、提高零件精加工质量的目的。"向量"功能是针对每一刀的切入或切出时产生一个指定角度或与切入角相切、垂直的刀路后切入、退出工件。该功能主要控制刀路退刀时的刀路形式，在做到防止与零件发生剐蹭、碰撞的同时实现快速退刀与进刀。

项目小结

本项目通过对碗、球轴零件和复杂曲面轴零件的造型及车削加工任务的学习，引导读者熟练运用 Mastercam 2025 软件完成典型零件的数控车削自动编程。在学习实践中激励青年一代要有"择一事终一生"的执着专注，"干一行钻一行"的精益求精，"偏毫厘不敢安"的一丝不苟，"千万锤成一器"的卓越追求，无论从事什么劳动，都要以勤学长知识、以苦练精技术、以创新求突破，努力成为知识型、技能型、创新型劳动者。

思考与练习

加工图 5-119、图 5-120 所示的轴类零件。根据图样尺寸及技术要求，完成下列内容。

1. 完成零件的车削加工造型（建模）。

2. 对该零件进行加工工艺分析，填写数控加工工艺卡片。

3. 根据工艺卡中的加工顺序，进行零件的轮廓粗/精加工、切槽加工和螺纹加工，生成加工轨迹。

4. 进行机床参数设置和后置处理，生成 NC 加工程序。

5. 将造型、加工轨迹和 NC 加工程序文件保存到指定服务器上。

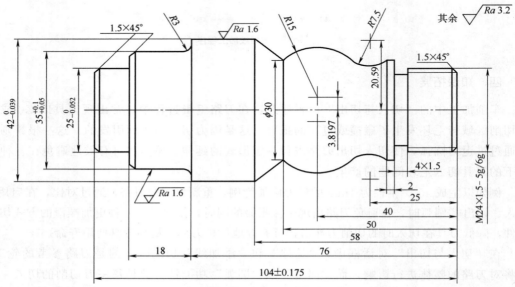

图 5-119　螺纹轴零件图

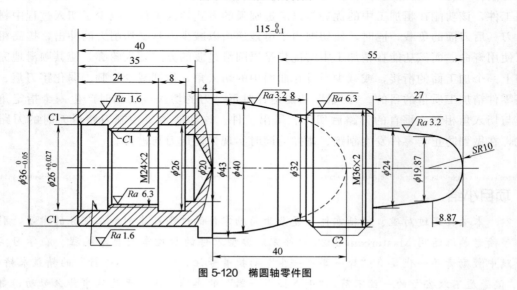

图 5-120　椭圆轴零件图

参考文献

［1］　王小玲．CAD/CAM 技术 Mastercam 应用实训．北京：机械工业出版社，2013．

［2］　张延．Mastercam 应用教程．3 版．北京：机械工业出版社，2010．

［3］　王凯．机械 CAD/CAM 应用技术项目化教程（Mastercam2019）．北京：机械工业出版社，2019．

［4］　刘玉春．数控编程技术项目教程．北京：机械工业出版社，2016．

［5］　刘玉春．CAXA 数控车 2015 项目案例教程．北京：化学工业出版社，2018．

［6］　刘玉春 CAXA 数控车 2020 自动编程基础教程．北京：北京理工大学出版社，2021．

［7］　刘玉春．CAXA CAM 数控车削 2020 项目案例教程．北京：化学工业出版社，2022．

［8］　刘玉春．CAXA 数控加工自动编程经典实例教程．北京：机械工业出版社，2021．

［9］　刘玉春．CAXA CAM 数控车削加工自动编程经典实例．北京：化学工业出版社，2020．

［10］　刘玉春．CAXA CAM 数控车削 2023 项目案例教程．北京：化学工业出版社，2024．